工业自动控制系列丛书

PLC 系统编程调试维护技术与技巧宝典
——西门子 S7-200

主　编　张运刚
副主编　郭武强

机械工业出版社

本书是以西门子 S7-200 PLC 为例，全书内容共分六章。简明扼要地介绍了 S7-200 新版编程软件的安装和使用。重点详细地介绍了，以实例形式给出的常用程序编程逻辑和功能指令的应用技巧。

"看视频看得懂，看书也看得懂，但是看后这些指令如何应用还是不会，这是我最苦恼的事情"这是很多人在咨询 PLC 技术培训提到的问题。本书特点就是以实例启发，引导读者进入实际应用境界。

随书配送光盘，光盘内容主要有 SIEMENS. STEP. 7. MICROWIN. V4.0.SP9.iso 编程软件、USS _ Modbus 库 STEP7.zip 和 MAP _ SERV 库指令。

本书是工业自动化领域技术人员和爱好者的入门和提高读物，可以供大中专院校自动化、机电一体化专业学生参考，同时还可以作为 PLC 职业技能培训教材使用。

图书在版编目（CIP）数据

PLC 系统编程调试维护技术与技巧宝典：西门子 S7-200/张运刚主编.
—北京：机械工业出版社，2013.11（2016.7 重印）
ISBN 978 – 7 – 111 – 44757 – 3

Ⅰ.①P…　Ⅱ.①张…　Ⅲ.①plc 技术　Ⅳ.①TM571.6

中国版本图书馆 CIP 数据核字（2013）第 269299 号

机械工业出版社（北京市百万庄大街 22 号　邮政编码 100037）
策划编辑：林春泉　责任编辑：张沪光
封面设计：鞠　杨　责任校对：任秀丽
责任印制：常天培
北京京丰印刷厂印刷
2016 年 7 月第 1 版·第 2 次印刷
184mm×260mm·17 印张·415 千字
标准书号：ISBN 978 – 7 – 111 – 44757 – 3
　　　　　ISBN 978 – 7 – 89405 – 175 – 2（光盘）
定价：48.00 元（含 1DVD）

凡购本书，如有缺页、倒页、脱页，由本社发行部调换
电话服务　　　　　　　　网络服务
服务咨询热线：010 – 88361066　机 工 官 网：www.cmpbook.com
读者购书热线：010 – 68326294　机 工 官 博：weibo.com/cmp1952
　　　　　　　010 – 88379203　金 书 网：www.golden-book.com
封面无防伪标均为盗版　　教育服务网：www.cmpedu.com

前　言

　　本书呈献给读者的是工业自动化控制技术系列知识（简称：工控技术）。

　　由于我国引进工控技术，迅速改变了我国工业自动化管理现状。于是，学习和掌握这门技术，就成为我国目前乃至今后很长时间内，大量就业者不可忽视的重要课题。工业自动化的进步，迫使从业人员应具备良好的素质教育。其中的核心内容离不开掌握过硬的专业知识，系统的学习和在理论知识指导下的实践活动。本书正是基于我国自动化技术的现状，针对市场上的技术需求，为求学者推出了一套"工控技术"系列丛书。

　　这套丛书中的内容，包括工业控制系统的开发、选型、编程、调试、维护以及维修等专业知识，所设章节的知识板块，既独立成篇，又前后呼应铺垫，逻辑性极强，系统阅读学习是初学者的首选。对于广大从事工控技术的业内同仁而言，也不愧是一部难得的工控技术辞典。

　　搞技术培训，需要的是深度，半斤八两的水平是无法胜任广大读者和市场需求的。笔者在接受大量同行和爱好者的咨询时，倾听大家的声音，汇集大家在从事和学习这门技术时遇到的诸多问题，并将这些问题在所属章节中举例阐述，或独立成章分析个例示范，以求得深入浅出的教学效果。书中汇集的知识和经验是作者多年苦心研究，日积月累的经验结晶，更重要的是书中所叙述的知识，都在生产一线经过反复使用，得到了很好的验证。

　　阅读本书，您不会觉得枯燥无味。作者以平实的语言，向您娓娓道来，如同拉家常般的介绍"游戏潜规则"，你会在不知不觉中收获到掌握工控技术的快乐。书中的叙述语言，对初学者来说，既陌生又趣味无穷。因为许多专业术语不得不用，所以全书都在沿用指令表达逻辑思维。但作者考虑到是否易被广大读者接受，贯穿了许多汉语的习惯和生活语言，如此才显得妙趣横生。而作者本人的品质，却是朴实无华，平易近人的。许多来接受培训的学员，除了师生之谊，都与我结为终生朋友乃至莫逆之交，永久地分享着师生阶段没有终结的学术成果交流，成为"张运刚自动化技术俱乐部"会员。

　　之前，很多人在学习实践中，不知道如何入门，也有很多同仁入了门，不知道如何把理论知识从书本里的请出来，应用于工程实践，更无从谈提高和灵活掌握了。这是大多数自动化技术的初学者，以及从事一线工程经验尚不丰富的技术人员普遍面临的问题。所以，本书不只仅仅合适新手入门，入门后如何提高？本书介绍的实践操作，便会使问题迎刃而解。当然，要想打开自动化技术的辽阔视野，观察研究领先技术的前沿，书本里的理论知识必须和应用实践相结合，同步进行是取得事半功倍效果的学习捷径，经过反复教学实践，已成为社会公认的不争事实。

　　本书中的程序逻辑组织和所编写的系统知识，绝对是自动化技术的精髓。它是本书作者十多年从事学术研究、应用于实际工程和一线教学的结晶。本书最大亮点就是把作者独特的编程逻辑思维方法，以及调试技巧呈献给广大读者，以循序渐进地深入学习，和强化操作技能同步进行，这是广大读者共同的诉求和回音，本书"与众不同"之处，还在于作者不仅是"纸上谈兵"，更是学习者的良友，"善为人师，亦善为人友"，是作者操行的修养所在。

作者不为人知的另一特点就是，"厌谈无为的理论，侧重于结合工程实际，提炼成易于接受和方便操作解决问题的方法传授给大家。本书名为宝典，也具备疑难工程案例的"辞典"功能，其中的范例具有触类旁通的精妙之处，稍作改动，便能套用到具体工程，以完成现场施工的程控项目。

本书内容来源于诸多实际工程，大多数范例是自动化工程的系统总结和整理提炼出来的，经过作者在长期 PLC 培训教学中验证无误，才编入教材。大部分内容有机地联系到生活空间的边缘，让很少接触工控实践的读者，也倍感亲切和易读易懂。内容多，有条不紊；通俗化，使广大爱好者轻松接受自动化技术，逐渐深入和开阔视野，可谓构思巧妙，既适合新手阅读，也有助于业内同仁的专业技能升级。

整套丛书的内容和风格相得益彰，让读者轻松阅读，是作者孜孜以求的梦想。构建科研交流平台，是整套众书的编写宗旨，期盼广大读者读后，收获举一反三，一通百通的效果，并期待沟通相互交流的渠道，以实现深入探索，灵活应用和学术追踪。

参加编写的人员还有：梁宗亮、陈礼荣、黄金水、冯庆中、李宗序、梁秋实、陈厚宏、李恺、张耀霖、罗立庆、吴宗方、黄绍强、梁秀洁、邓剑龙、黄敏成。

由于编者水平有限，书中错漏在所难免，恳请广大读者批评指正，衷心感谢！

作　者

目　　录

第1章　软件安装与使用

1.1　软件安装

知识点和关键字：编程软件安装、重启、帮助　WinHlp32. exe 文件

USS＿Modbus 库 STEP7. zip　MAP＿SERV 库

1. 安装 V4. 0 STEP 7 MicroWIN SP9 编程软件的基本配置要求

电脑系统要求是 Windows XP sp3，Vista 或 WIN7 的 32 位或 64 位非家庭版系统。

2. 安装 V4. 0 STEP 7 MicroWIN SP9 编程软件的步骤

本例安装过程是在 WIN7＿X64 系统的电脑上进行。首先在 C 盘手动创建目录 C：\Program Files(x86)\Siemens\STEP 7-MicroWIN V4. 0\bin，然后把光盘里面的 MicroWIN. exe 老版本的执行文件复制到刚建立的 bin 目录下。

启动电脑进入 WIN7 系统，如图 1-1 所示。

图 1-1　WIN7 界面

把载有 SIEMENS. STEP. 7. MICROWIN. V4. 0. SP9. iso 编程软件的光盘放进电脑的光驱里，在 WIN7 桌面上双击"我的电脑"图标，出现如图 1-2 所示的界面，双击光驱图标打开光驱。

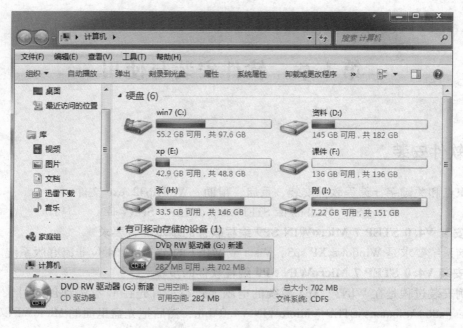

图 1-2　打开光驱

在光盘里找到 SIEMENS. STEP. 7. MICROWIN. V4. 0. SP9. iso 编程软件，双击 "SIEMENS. STEP. 7. MICROWIN. V4. 0. SP9. iso" 图标，打开安装界面，然后在出现的界面中双击 "Setup. exe" 图标，如图 1-3 所示。

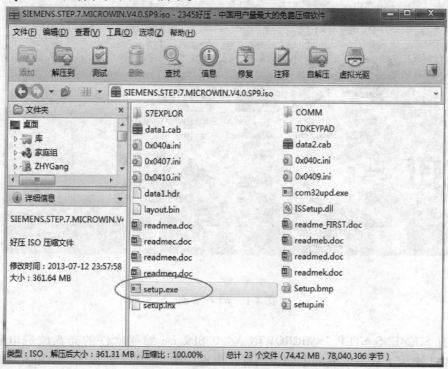

图 1-3　STEP 7-MicroWIN 安装文件

在安装过程中出现"选择设置语言"界面，选择"English"，单击"Next"按钮，如图1-4所示。然后出现安装过程界面，如图1-5所示，这时请耐心等待。

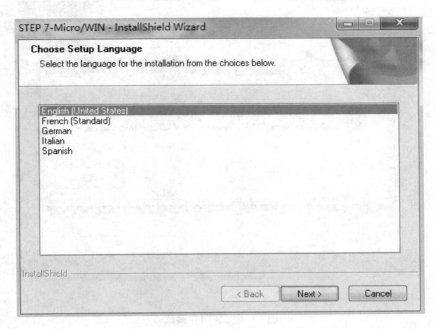

图1-4 选择语言

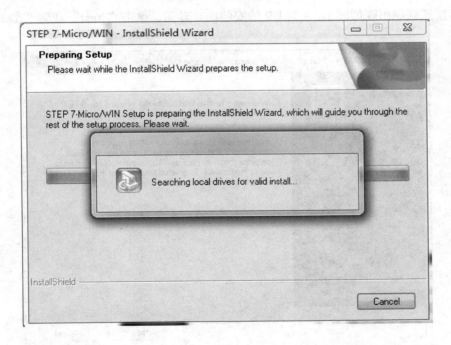

图1-5 安装过程

当出现如图1-6所示的界面时，点击"确认"按钮，继续安装。

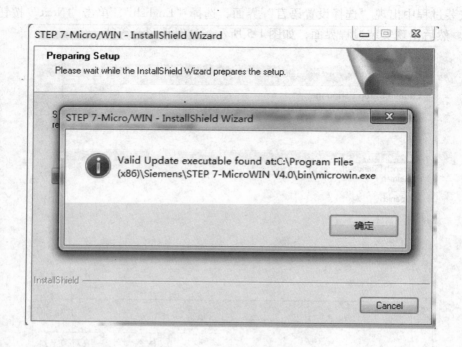

图 1-6　安装向导确认

随后按照顺序出现如图 1-7 ~ 图 1-9 的安装向导界面，单击 "Next" 或者 "Yes" 按钮即可。

图 1-7　安装向导界面

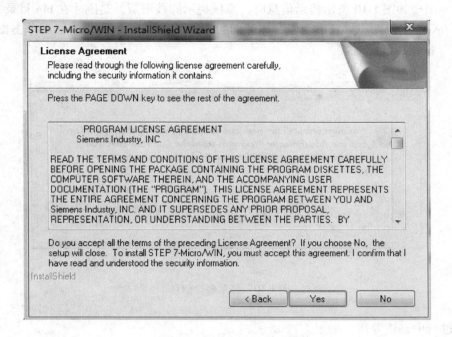

图 1-8　安装向导画面

　　一般选择安装路径及名称都是默认路径和名称，然后单击"Next"按钮继续安装，如图 1-9 所示。

图 1-9　确认路径和名称

当向导出现如图 1-10 所示提示信息时，系统提示卸载旧版，是刚才在 bin 目录放置旧版 MicroWIN. exe 的原因，进入 bin 目录，删除旧版 MicroWIN. exe 的文件，然后单击图 1-10 中的"确认"按钮，继续安装。

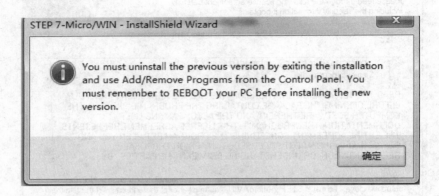

图 1-10　提示删除信息

安装进行中，请等待，如图 1-11 所示。

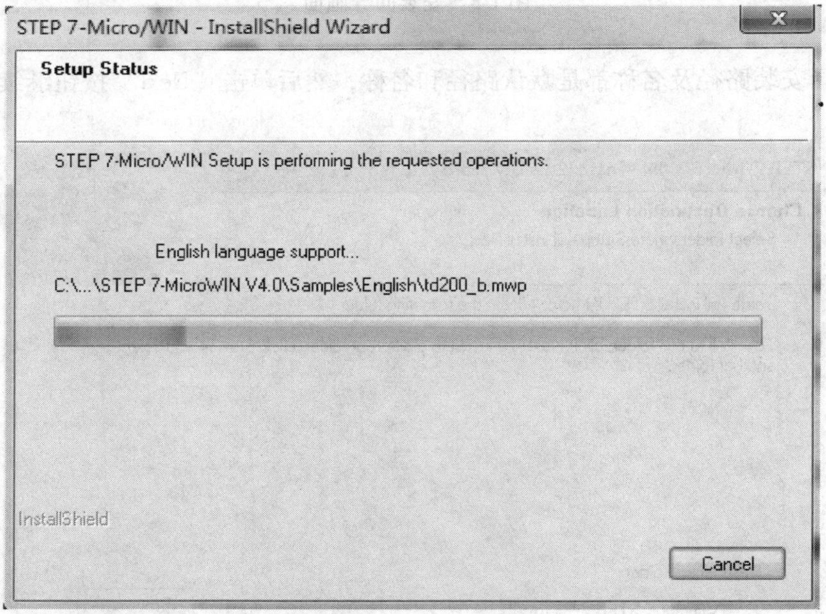

图 1-11　安装过程中

在安装过程中弹出如图 1-12 所示信息，意思是软件帮助信息不支持 WIN7 系统，需要安装"WinHlp32. exe"文件才能正常使用软件帮助信息。暂时单击图 1-12 中的"确认"按钮，等软件安装完成后再安装"WinHlp32. exe"文件。

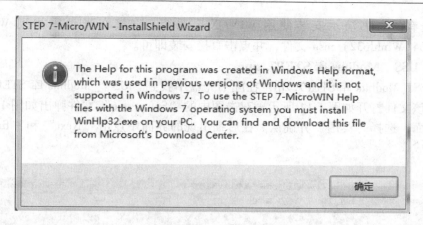

图 1-12　帮助提示信息

安装完成，单击"Finish"按钮，如图 1-13 所示。

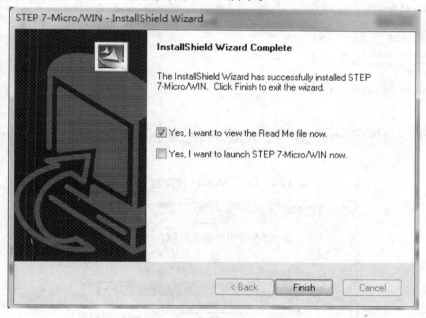

图 1-13　安装完成

V4.0 STEP 7 MicroWIN SP9 编程软件是 S7-200 系列 PLC 专用的编程、调试和监控软件，其编程界面和帮助文档基本已汉化，为用户开发、编程和监控程序提供了良好的界面。V4.0 STEP 7 MicroWIN SP9 编程软件为用户提供了三种程序编辑器：梯形图、指令表和功能块图编辑器，同时还提供了完善的在线帮助功能，非常方便用户获取需要的帮助信息。

3. 安装 WinHlp32. exe 文件

在 win7 下安装 siemens 的软件要使用帮助功能，还要安装一个 WIN7 的帮助补丁 Windows6. 1-KB917607-x86（Winhlp32）. msu/Windows6. 1-KB917607-x64（Winhlp32）. msu 文件才可以使用。这个软件在微软网站上经过验证正版系统可以下载。为了方便各位读者使用，本配书光盘里有。本书演示安装使用 WIN7-X64 系统，直接在光盘里找到 Windows6.1-KB917607-x64（Winhlp32）.msu 文件，并点击直接安装即可。

4. 安装 USS _ Modbus 库 STEP7. zip

·安装 USS _ Modbus 库 STEP7. zip，在配书光盘中找到 "USS _ Modbus 库 STEP7. zip" 文件，并双击该文件打开如图 1-14 所示，双击图中的 "Setup. exe" 文件弹出如图 1-15 所示的语言选择界面，选择 "英语" 并确认。在后续出现的界面中点击 "Next" 和 "finish" 按钮即可安装完成。

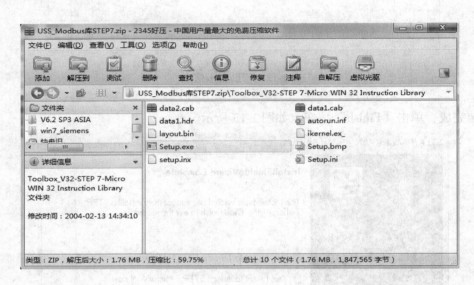

图 1-14　USS _ Modbus 库安装文件

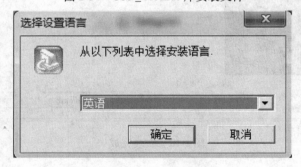

图 1-15　选择语言

5. 安装 MAP _ SERV 库

添加 MAP _ SERV 库，打开 "V4.0 STEP 7 MicroWIN SP9" 编程软件，在软件指令树里面找到 "库" 字样，右键在弹出的界面中如图 1-16 所示，选择 "添加/删除库" 条目，弹出如图 1-17 所示界面，单击 "添加" 按钮，然后在配书光盘里找到 MAP _ SERV 文件夹并打开如图 1-18 所示，分别选择 "map serv q0.0. mwl" 和 "map serv q0.1. mwl" 文件并保存确认，这时在指令树的库中可以找到刚才添加的库指令了。

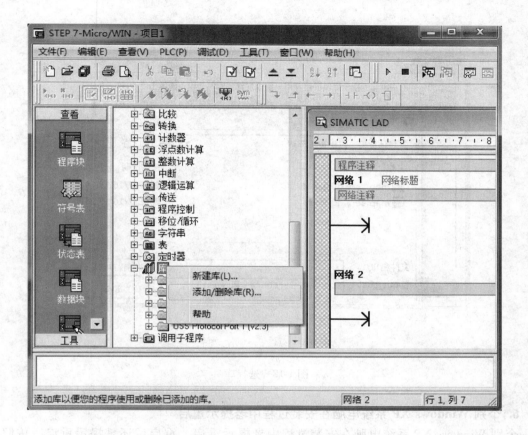

图 1-16　添加 MAP_SERV 库

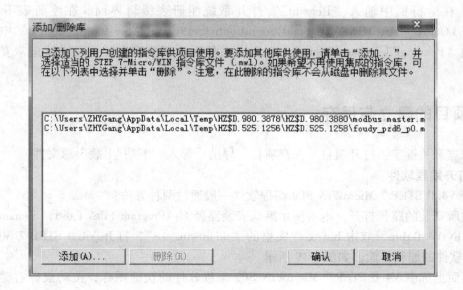

图 1-17　添加库

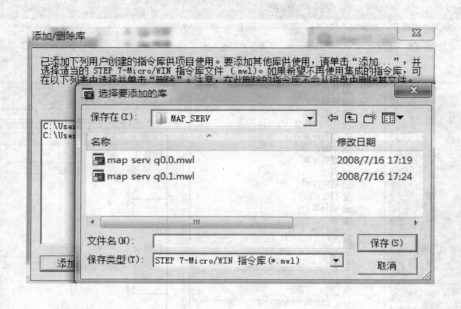

图 1-18　选择库

6. 个别 Windows XP 系统电脑在安装过程中老提示重启

个别 Windows XP 系统电脑在安装过程中老提示重启，重启后还是提示重启。按照以下操作无需再次重启即可安装。当出现提示重启对话框时，单击电脑桌面上左下角的"开始"，在运行框中输入"Regedit"，打开系统注册表编辑界面。在注册表下面路径"HKEY_LOCAL_MACHINE\System\CurrentControlSet\Control\Session Manager\"中删除注册表右边"PendingFileRenameOperations"的值，然后不需要重启就可以继续正常安装软件了。

1.2　项目的建立与保存

知识点和关键字：打开项目　保存项目　导出　导入　下载/上载　源文件

1. 打开编程软件

打开 V4.0 STEP 7 MicroWIN SP9 编程软件一般通过两种方法：

通过所安装的路径打开，本书演示默认安装路径 C:\Program Files（x86）\Siemens\STEP 7-MicroWIN V4.0\bin，双击 bin 文件夹里的"microwin.exe"，打开 V4.0 STEP 7 MicroWIN SP9 编程软件的编程界面，如图 1-19 所示。

在桌面上选中 V4.0 STEP 7 MicroWIN SP9 编程软件的快捷图标，按动鼠标右键，出现下拉菜单，单击下拉菜单中的"打开"或者在桌面上用鼠标双击 V4.0 STEP 7 MicroWIN SP9 编程软件的快捷图标，如图 1-20 所示。

图 1-19　从安装路径打开编程界面

图 1-20　从桌面的快捷图标打开编程界面

2. 编程软件界面的语言选择

　　第一次打开编程界面的语言是英文，如果需要显示其他语言，可以进行语言切换。切换方法是首先打开编程界面，在文件栏单击"Tools"→"Options"，也就是打开"工具"栏中的"选项"，如图 1-21 所示。在打开的 Options 界面中，选中"General"栏目，在语言选择框里显示可以切换的语言如图 1-22 所示，原则上可以随意切换，比如选择"Chinese"，然后点击"OK"按钮，提示关闭软件，重新打开编程软件的界面就是中文界面了，如图 1-23 所示。

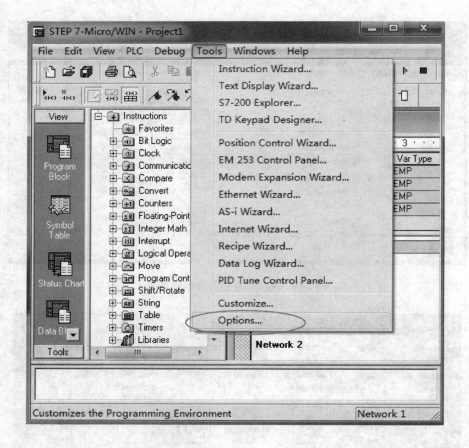

图 1-21　打开工具栏中的选项

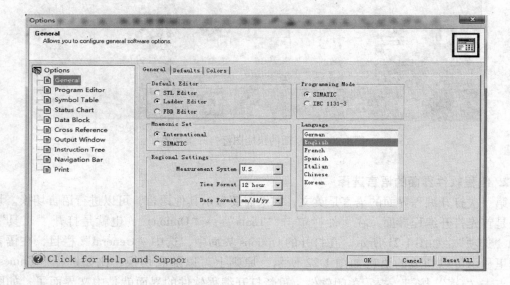

图 1-22　选择语言界面

图 1-23　中文编程界面

3. 项目文件

保存项目也有多种方法，保存在磁盘里，导出项目保存源文件，下载到 CPU 或者存储卡中保持。

项目文件的来源有多种途径，打开编程界面相当于新建了一个项目，也可以打开保存在磁盘的项目，也可以从 CPU 中上载项目，也可以导入源文件成为项目。

1）保存项目：在 STEP 7-MicroWIN 编程软件的编程界面，单击"文件"→"保存"或者"另存为"，如图 1-24 所示，在出现的界面中选择保存项目文件的路径并写上项目文件的名称，如图 1-25 所示。如果选择另存为，而且另存为原来已经存在的项目名称，会弹出要求覆盖确认对话框，如果需要覆盖单击"是"按钮，如图 1-26 所示。

2）导出项目成为源文件保存：导出的项目，可以使用 Windows 系统记事本格式打开。在 STEP 7-MicroWIN 编程软件的编程界面，单击"文件"→"导出"，如图 1-27 所示，在出现的界面中选择保存源文件的路径并写上源文件的名称，如图 1-28 所示。

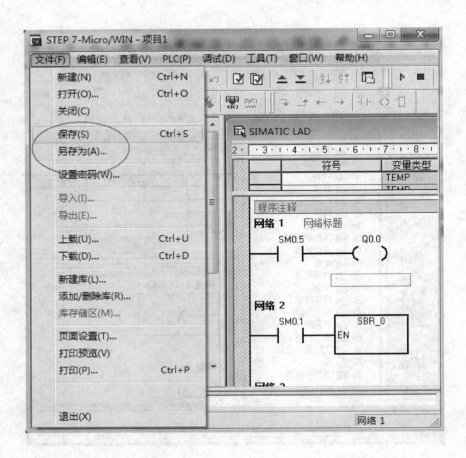

图 1-24　保存项目

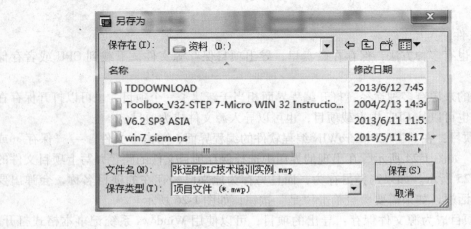

图 1-25　项目保存路径和名称

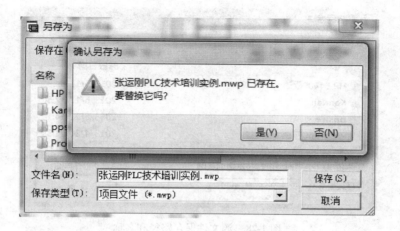

图 1-26 确认覆盖替换

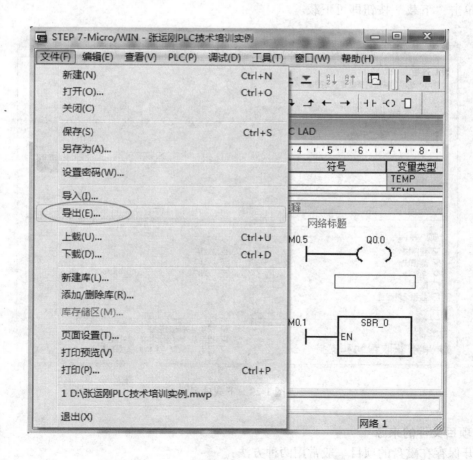

图 1-27 项目导出

图 1-28　源文件保存路径和名称

3）下载项目到 CPU：单击工具栏的下载符号 ""，就可以弹出下载界面，如图 1-29 所示，单击 "下载" 按钮即可下载。

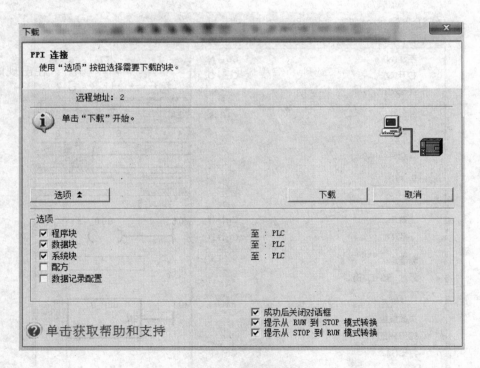

图 1-29　下载项目

4. 项目文件的来源

打开保存在磁盘的项目一般常用两种方法：

从保存项目路径 "我的电脑" → "D" 找到保存的项目 "张运刚 PLC 技术培训实例. mwp"，然后双击项目图标即可打开，如图 1-30 所示。

图 1-30 从保存路径打开

在 STEP 7-MicroWIN 编程软件的编程界面，单击"文件"→"打开"，在出现的界面中选择路径及项目名称，如图 1-31 所示，单击"打开"按钮，即可打开保存在磁盘的项目。

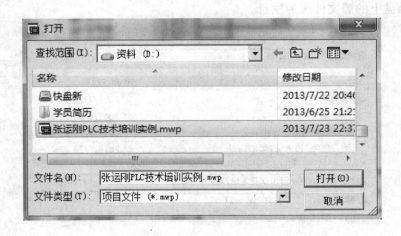

图 1-31 从编程界面打开

1）上载项目：在编程界面，单击"▲"符号表示上载项目，在弹出的确认是否保存当前界面项目中，如果需要保存当前画面的项目，单击"是"，如果不需要保存就点击"否"，出现确认上载程序界面，如图 1-32 所示，单击"上载"，就可以把项目上载到当前界面。

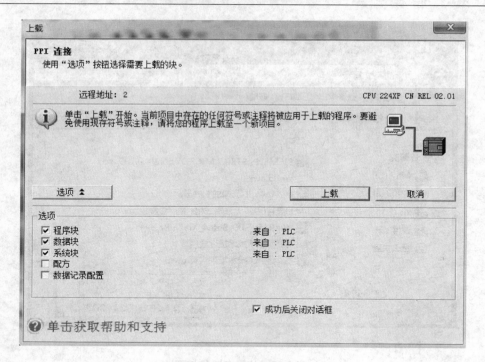

图 1-32　上载项目

2）导入源文件成为项目：在 STEP 7-MicroWIN 编程软件的编程界面，单击"文件"→"导入"，在出现的界面中选择路径及源文件名称，单击"打开"按钮如图 1-33 所示，即可打开保存在磁盘上的源文件成为项目。

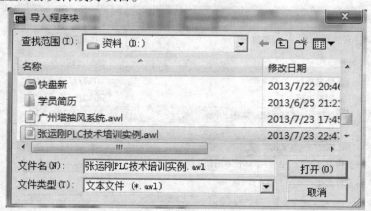

图 1-33　导入源文件

1.3　软件通信设置和测试

知识点和关键字：通信　PG/PC 接口　通信电缆　PORT0/1　EM277　CP5611 卡

安装在电脑的编程软件与 S7-200 CPU 通信，一般可以通过三种通信口、四种通信协议进行通信，见表 1-1。

表 1-1　多 种 通 信

	PP1	MPI	PROFIBUS _ DP	TCP/IP
PORT0/PORT1	是	是		
EM277		是	是	
CP243				是

　　其中使用最多的是 CPU 自有的 PORT0 或者 PORT1 使用 PC/PPI 协议实现通信。现实中这种通信常用的通信电缆有，国产的 USB/PPI、COM/PPI、901-3DB30-0XA0、972-0CB20-0XA0 或 CP5611/CP5513 卡。

　　设置编程软件与 S7-200 CPU 的实现 PC/PPI 协议通信。在编程界面，双击"项目"→"通信"→"通信"字样，如图 1-34 所示，打开通信设置和检测界面，如图 1-35 所示。

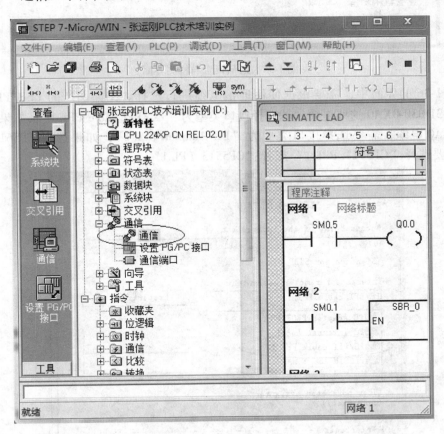

图 1-34　打开通信

　　在通信与检测画面里，单击左下角的"设置 PG/PC 接口"，打开设置 PG/PC 接口界面，如图 1-36 所示。在设置 PG/PC 接口界面中，选择设置 PG/PC 接口类型为"PC/PPI cable PPI. 1"。

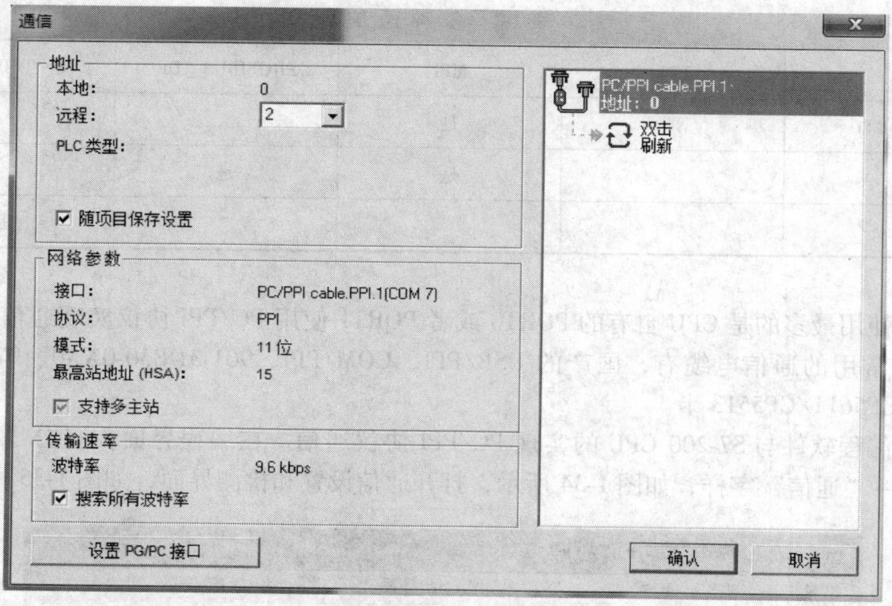

图 1-35　通信设置与检测界面

在图 1-36 的界面中，需要根据使用通信电缆进行选择。比如国产的 USB/PPI、COM/PPI、901-3DB30-0XA0 这些电缆，就选择接口类型为"PC/PPI cable PPI.1"；如果选择 972-0CB20-0XA0 电缆，需要选择接口类型为"PC Adapter.PPI.1"；如果选择 CP5611/CP5513 卡，就需要选择"CP5611.PPI.1"或者"CP5513.PPI.1"。

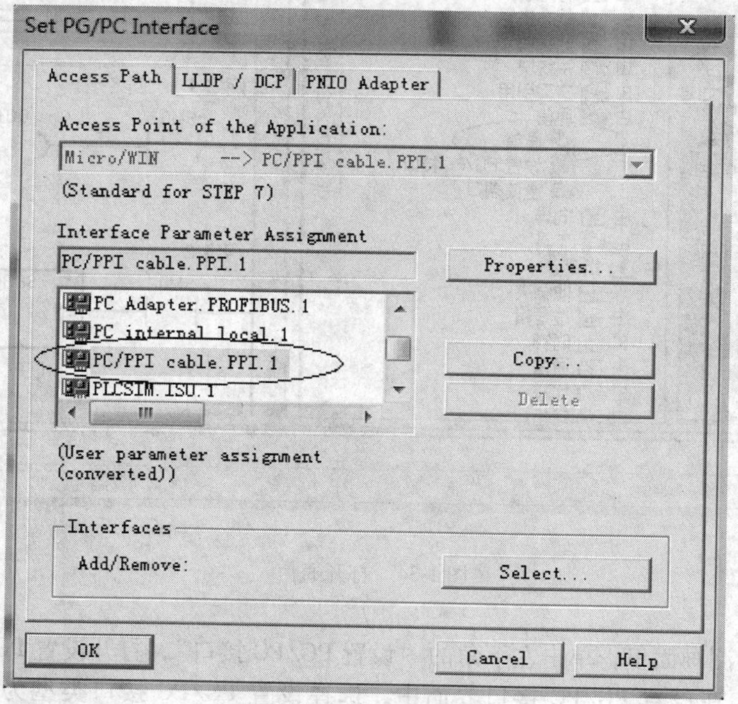

图 1-36　设置 PG/PC 接口

单击图 1-36 界面的 "Properties" 按钮打开设置 PG/PC 接口属性画面，在接口属性单击 "本地连接"，本地接口一般指编程设备（如编程电脑）通信端口，如图 1-37 所示选择 USB （本例使用 901-3DB30-0XA0 通信电缆）。再单击属性界面中的 "PPI"，设置 PPI 通信波特率 等，然后单击 "确认" 按钮。

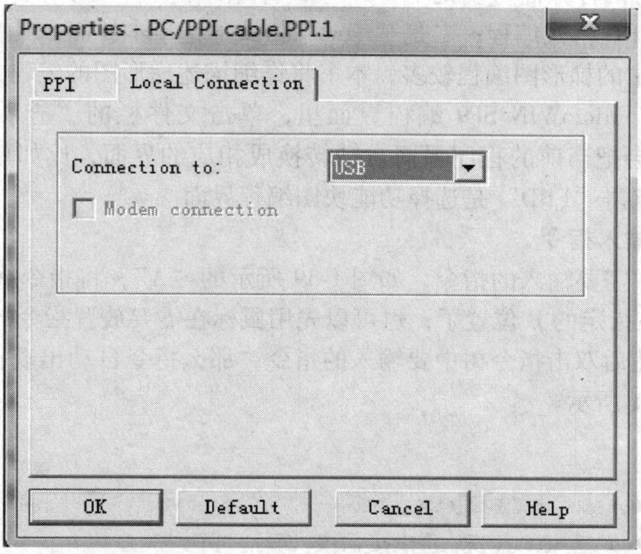

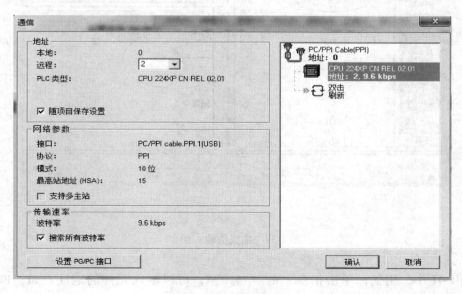

图 1-37　设置 PC/PPI 通信接口

设置完毕 PG/PC 接口属性，使用 PC/PPI 通信电缆将 CPU 与编程设备的通信口连接， 单击与 CPU 通信检测界面中的 "双击刷新"，自动搜索 PPI 网络上的 CPU 站点，如图 1-38 所示，搜索出来的 CPU 站号、通信波特率、CPU 型号和版本都会显示出来。

图 1-38　自动搜索站点

1.4　程序的编写

知识点与关键字：编程　梯形图

编写程序一般有两种界面，一是 V4.0 STEP 7 MicroWIN SP9 界面，在这个界面可以使用梯形图、STL 或 FBD 格式编程；二是 ".awl" 格式的记事本界面。其中使用 V4.0 STEP 7 MicroWIN SP9 界面中的梯形图编程较多，本书将详细描述梯形图的编程方法。

在 V4.0 STEP 7 MicroWIN SP9 编程界面里，单击文件栏的 "查看" → "梯形图" / "STL" / "FBD"，会把当前的程序界面自动转换成相应的界面，比如单击 "STL" 是选择指令表编程界面，点击 "FBD" 是选择功能块图编程界面。

1. 在梯形图中输入指令

在指令树里选中需要输入的指令，如图 1-39 所示的 "A"，将指令拖曳至所需的位置如 "B"，指令就放置在指定的 B 位置了；也可以先用鼠标在需要放置指令的地方单击一下图 1-40 中的 "C" 点，然后双击指令树中要输入的指令，那么指令自动出现在需要的 C 位置上。输入的指令如图 1-41 所示。

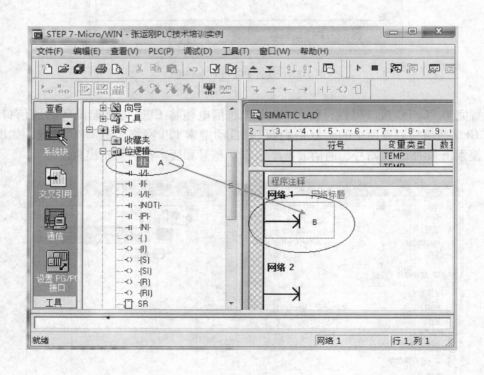

图 1-39　拖曳法输入指令

在图 1-41 中，用鼠标单击指令上的 "??.?"，可以输入元件的地址，如 "I0.0" 和 "q0.0"，如图 1-42 所示。

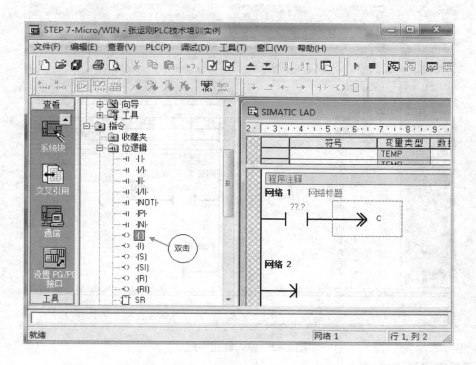

图 1-40 双击法输入指令

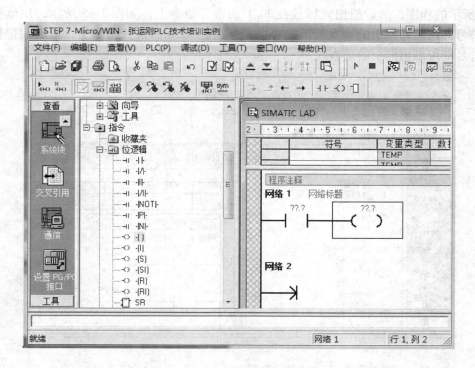

图 1-41 输入的指令

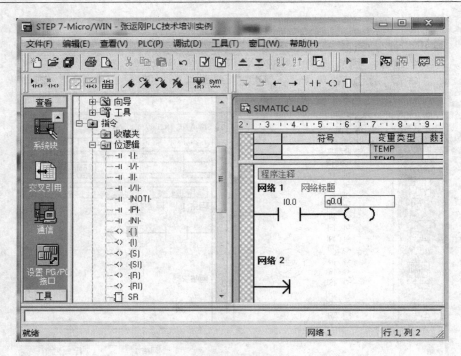

图 1-42　输入软元件地址

2. 画垂直线和水平线

1）画垂直线：如果要求输入如图 1-43 所示的程序，可以先按照输入指令的办法输入如图 1-44 所示的程序，然后把把光标放在 I0.1 的常开指令上，如图 1-45 所示，用鼠标单击"⤴"符号即可画好向上的垂直线。或者把光标放在 I0.0 的常开指令上，然后用鼠标单击"⤵"符号即可画出向下的垂直线。

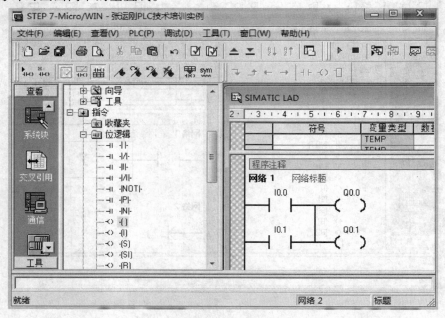

图 1-43　画垂直线目标程序

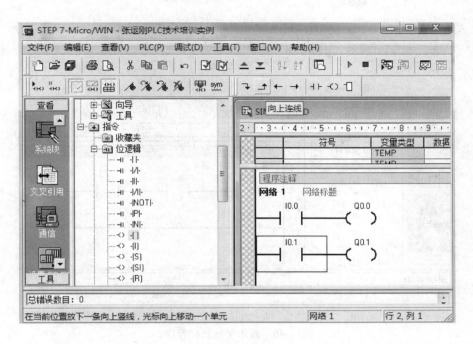

图 1-44 光标位置

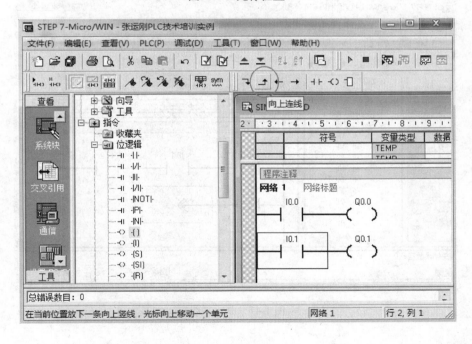

图 1-45 画垂直线

2）画水平线：如果要求输入如图 1-46 所示的程序，可以先按照输入指令的办法输入如图 1-47 所示的程序，然后把把光标放在 I0.3 的常开指令旁边的"A"，用鼠标点击"→"符号即可画好水平线。

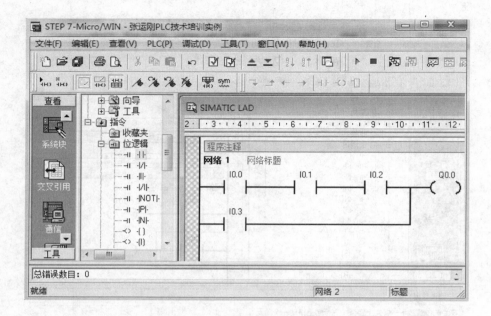

图 1-46　画水平线目标程序

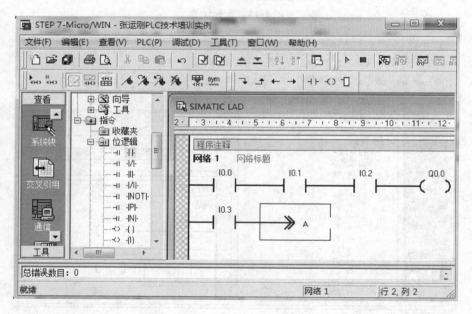

图 1-47　画水平线

3. 插入列和行

1）插入列：如果要求把图 1-48 所示的程序，编辑为图 1-49 所示的程序，可以把光标放在 I0.0 的常开触点指令上面，如图 1-50 所示，然后点击"编辑"→"插入"→"列"，如图 1-51 所示，就可以在 I0.0 前面增加一列的位置，如图 1-52 所示。然后在图 1-52 所示的光标位置放置 M0.6 的常开触点指令。

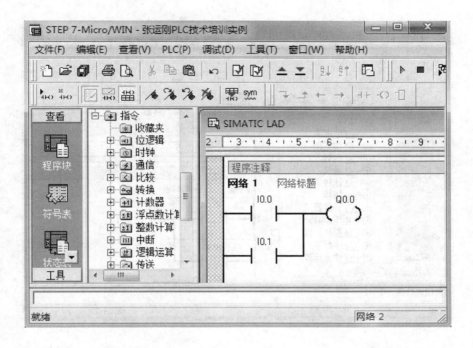

图 1-48 原有程序

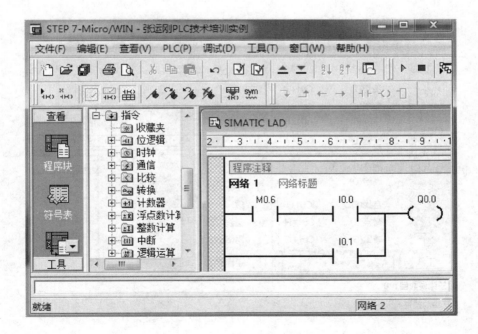

图 1-49 更改后的程序

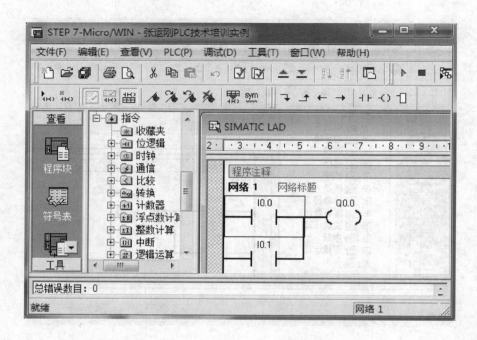

图 1-50   放置光标

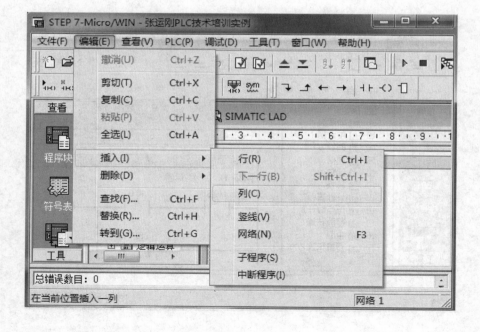

图 1-51   插入列

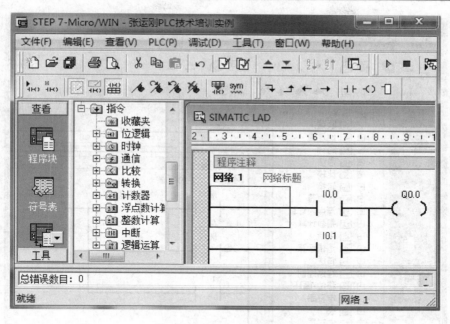

图 1-52　插入一列后的程序

2）插入行：如果要求把图 1-53 所示的程序，编辑为图 1-54 所示的程序，可以把光标放在 I0.0 的常开触点指令上面，如图 1-55 所示，然后点击"编辑"→"插入"→"行"，如图 1-56 所示，就可以在 I0.0 前面增加一列的位置，如图 1-57 所示。然后在图 1-57 所示的光标位置并联放置 M0.7 的常开触点指令。

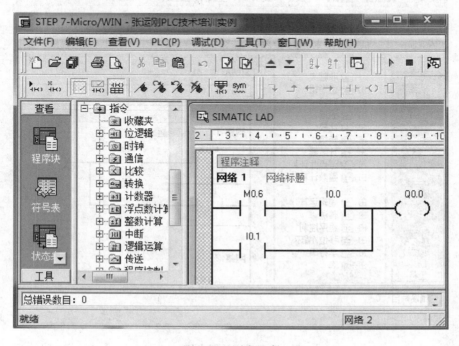

图 1-53　原来程序

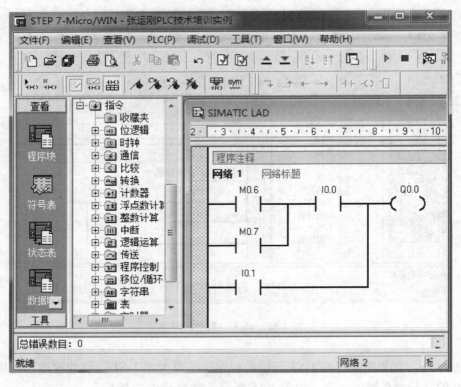

图 1-54　更改后的程序

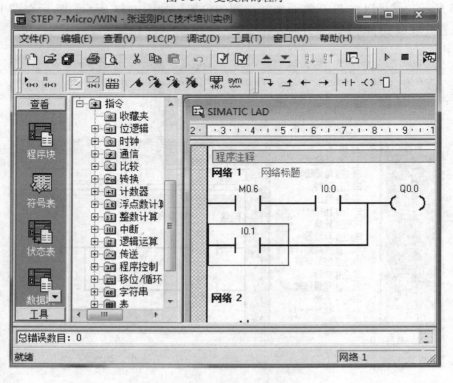

图 1-55　放置光标

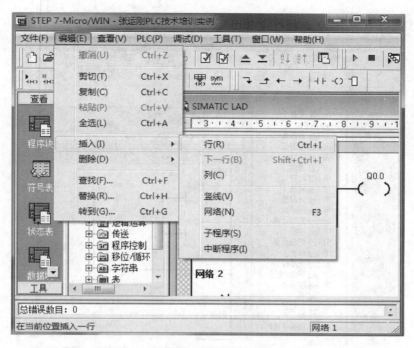

图 1-56　插入行

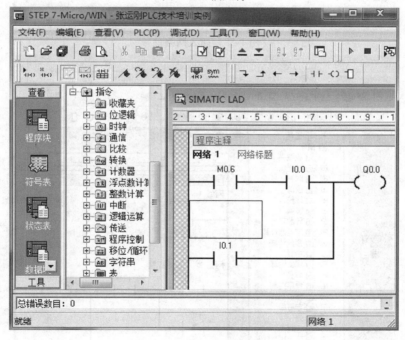

图 1-57　插入一行后的程序

4. 插入和删除网络

1）插入网路：在编写程序的时候，经常需要在某个地方插入一个网络程序，或者删除一个网络程序。如在图1-58所示程序中，需要在网络1的前面增加一个网络程序，可以先插入一个网络，把鼠标指向网络1的空白位置，然后单击"编辑"→"插入"→"网络"，即可以插入一个网络如图 1-59 所示。

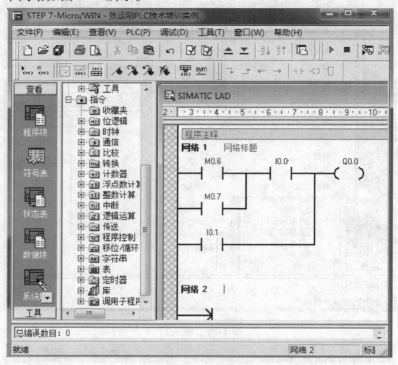

图 1-58　插入网络前

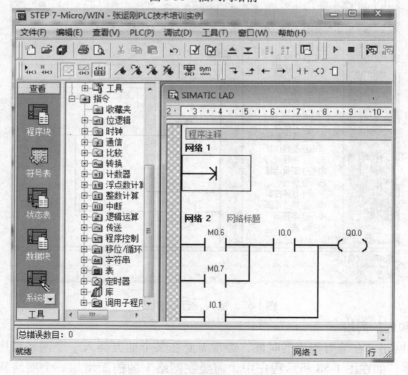

图 1-59　插入网络后

2) 删除网络：如果需要删除一个网络，可以把鼠标指向准备删除网络的空白地方，然后点击"编辑"→"删除"→"网络"，即可以删除当前一个网络如图1-60、图1-61所示。

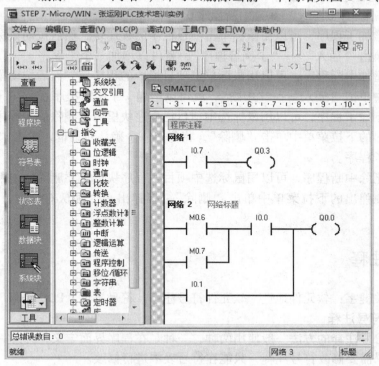

图1-60 删除网络前

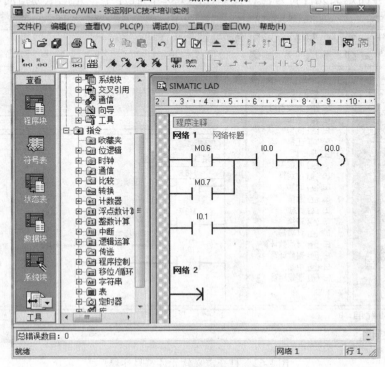

图1-61 删除网络后

5. 添加和删除程序

在 S7-200 的程序编辑界面中，默认只有 OB1、SBR_0 和 INT_0 3 个程序，OB1 是主程序，SBR_0 是子程序 0，INT_0 是中断程序 0。

如果需要增加子程序，可以用鼠标单击项目栏中的程序块，然后按动鼠标右键，在弹出的下拉菜单中单击"插入"→"子例行程序"，就可以增加一个子程序。

如果需要增加中断程序，可以用鼠标单击项目栏中的程序块，然后按动鼠标右键，在弹出的下拉菜单中单击"插入"→"中断"，就可以增加一个中断程序。

如果需要删除子程序，可以用鼠标选中项目栏程序块里需要删除的子程序，然后按动鼠标右键，在弹出的下拉菜单中单击"删除"，将弹出一个确认对话框，单击"是"确认，即可删除选中的子程序。

如果需要删除中断程序，可以用鼠标选中项目栏程序块里需要删除的中断程序，然后按动鼠标右键，在弹出的下拉菜单中单击"删除"，将弹出一个确认对话框，单击"是"确认，即可删除。

1.5　程序注释

知识点与关键字：软元件地址　软元件符号注释　符号寻址　POU 符号　网络注释

1. 软元件符号注释

定义元件符号注释的方法一般使用两种，一种是在程序界面定义，另外一种是在符号表里面定义。如果需要修改符号注释，只能在符号表中进行修改。

1）在编程界面定义元件符号注释：如在图 1-62 的程序中，先把鼠标指向需要定义符号

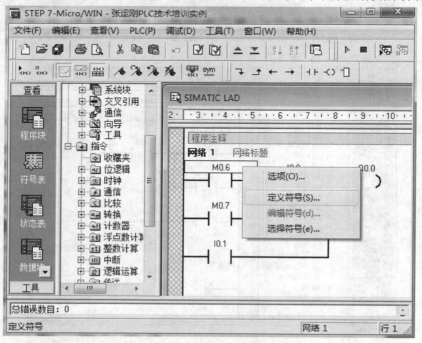

图 1-62　打开定义软元件符号注释

注释的元件 M0.6，然后单击鼠标右键，在弹出的下拉菜单中单击"定义符号"，在弹出的定义符号界面里写上元件的符号注释，如图 1-63 所示，然后单击"确认"即可。

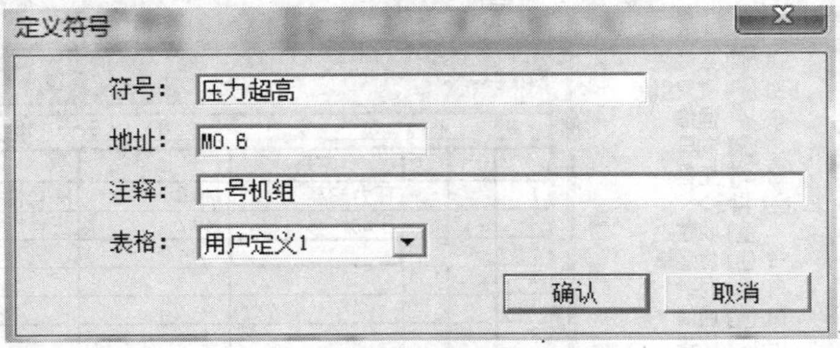

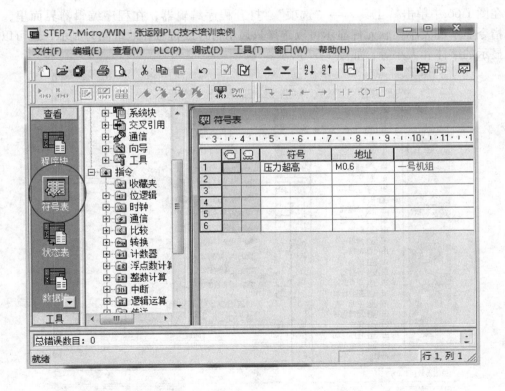

图 1-63 定义元件符号注释

2）在符号表界面定义元件的符号：如在图 1-64 中单击查看里面的符号表图标，即可打开符号表定义界面。在符号表定义界面定义元件符号，此种方法合适大批量软元件进行定义符号注释，如图 1-65 所示。

图 1-64 打开符号表编辑器

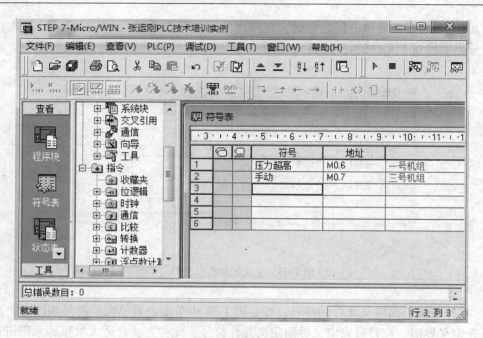

图 1-65　在符号表界面编辑符号注释

2. 程序界面显示符号和地址

在图 1-66 中单击"工具"→"选项"，打开程序编辑器，在程序编辑器界面里，可以定义指令显示的大小，软元件显示可以选择只显示符号或符号和地址同时显示，还可以选择符号显示的字体和大小等，如图 1-67 所示。

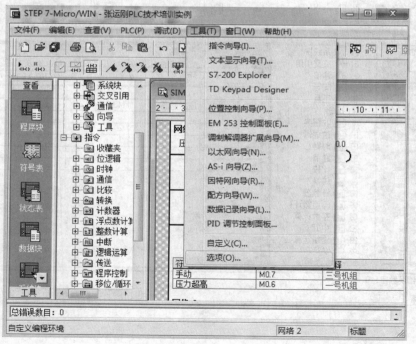

图 1-66　打开选项

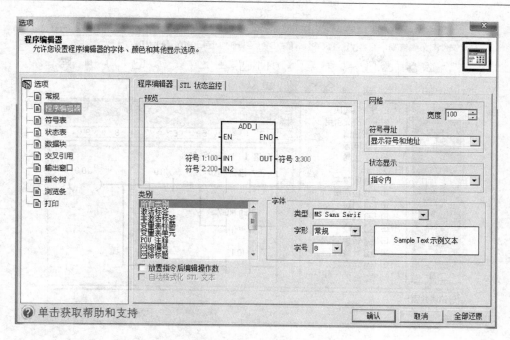

图 1-67 程序编辑器

3. 在程序界面显示或隐藏符号注释

如果希望把软元件的符号显示在程序界面，单击"查看"→"符号寻址"，如图 1-68 所示，软元件的符号就可以显示在程序界面，如图 1-69 所示。

如果不希望把元件的符号显示在程序界面，再次单击"查看"→"符号编址"即可，软元件的符号就在程序界面隐藏了。

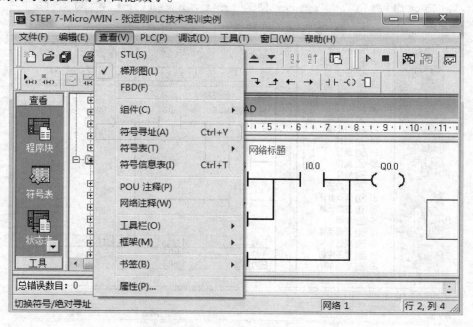

图 1-68 选择在程序界面显示元件符号

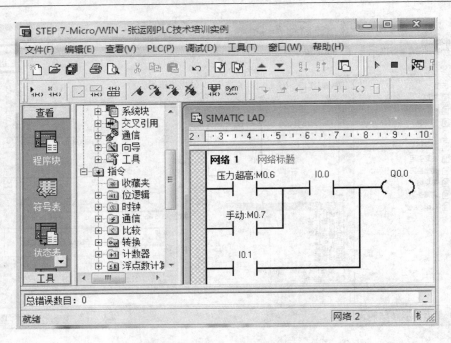

图 1-69　程序界面显示软元件符号

4. 在程序界面显示或隐藏元件符号信息表

如果希望把元件的符号信息表显示在程序界面，单击"查看"→"符号信息表"，软元件的符号信息表就可以显示在程序界面，如图 1-70 所示。

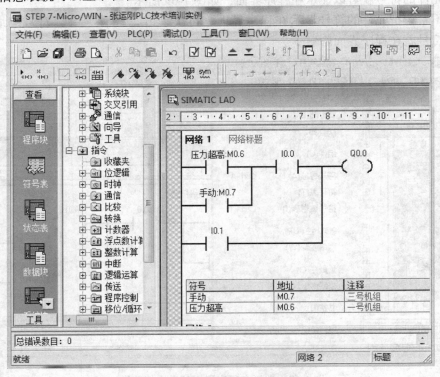

图 1-70　在程序界面显示符号信息表

如果不希望把元件的符号信息表显示在程序界面，再次单击"查看"→"符号信息表"即可，符号信息表就可以隐藏在程序界面了。

5. POU 符号注释

在编写程序时，不但软元件可以使用符号注释，POU（程序）也可以使用符号注释。查看 POU 符号注释的方法是，单击项目树→"符号表"→"POU 符号"，将会弹出 POU 符号表，如图 1-71 所示。每添加一个程序，系统会自动分配符号和注释。

图 1-71　查看 POU 符号注释

在编写程序时，不但软元件可以使用符号注释，POU（程序）也可以使用符号注释。如果有需要允许用户更改 POU 符号，方法是展开项目树下面"程序块"，在程序块下面显示现有的程序符号和地址，右键需要更改名称的程序，在弹出对话框中选择"重命名"如图 1-72 所示，将会出现重命名窗口，在该窗口输入新符号即可。

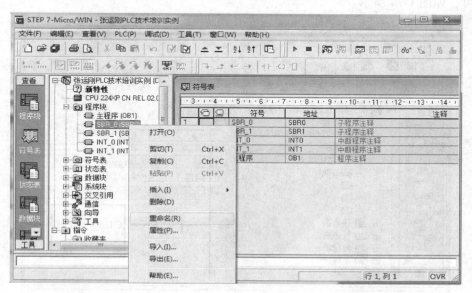

图 1-72　程序重命名

如果有需要也允许用户更改 POU 注释，方法是展开项目树下面"程序块"，在程序块下面显示现有的程序符号和地址，双击需要更改注视的程序块，将会打开该程序如图 1-73 所示，在图 1-73 的程序注释地方更改为新注释即可。

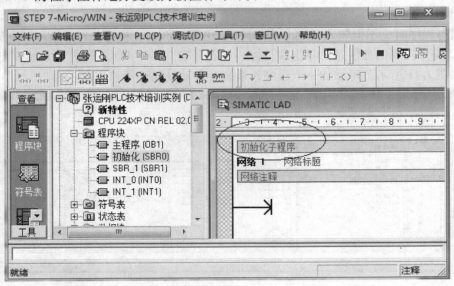

图 1-73　更改程序注释

6. 网络标题和网络注释

每一个网络，系统会自动定义网络标题和网络注释，只不过这些标题和注释都是相同的。如果有需要允许用户更改网络标题和网络注释，方法是把原来网络标题和网络注释字样更改即可，如图 1-74 所示。

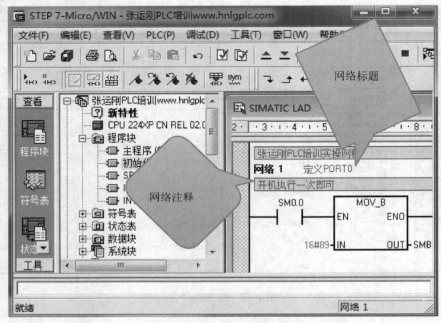

图 1-74　更改网络标题和注释

1.6　程序的修改

知识点与关键字：插入/覆盖　指令替换　软元件查找与替换　修改符号　交叉引用
　　　　　　　　修改软元件地址

程序修改

程序修改包括：指令更改、软元件更改、符号更改和网络位置更改，对于软元件有时候使用交叉引用方法查找更具灵活性。

1. 指令更改

更改指令一般使用两种方法：一是在程序界面直接更改；二是使用插入/覆盖功能修改。

1）在程序界面直接更改：比如需要把图 1-75 所示的程序更改为图 1-76 所示的程序，更改方法是首先删除 M0.6 常开触点，然后马上放置常闭触点输入软元件 M0.6 即可。具体操作方法是，选中 M0.6 常开触点，单击键盘的"delete"删除键，然后把常闭触点放置在这里并从键盘输入软元件名称即可。

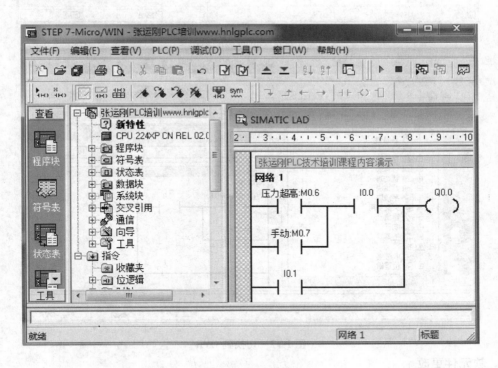

图 1-75　原始程序

2）使用插入/覆盖功能修改：又比如需要把图 1-75 所示的程序更改为图 1-76 所示的程序。首先把电脑输入选择为覆盖输入法（OVR），在编程界面中，单击键盘上的"insert"键，观察编程软件右下角的字样变成"ovr"如图 1-77 所示，表示已经切换到覆盖输入法了。然后在指令树把常闭触点拉到需要更改的指令上即可，如图 1-78 所示。

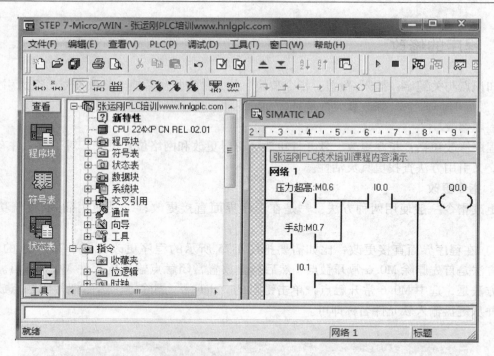

图 1-76　更改后的程序

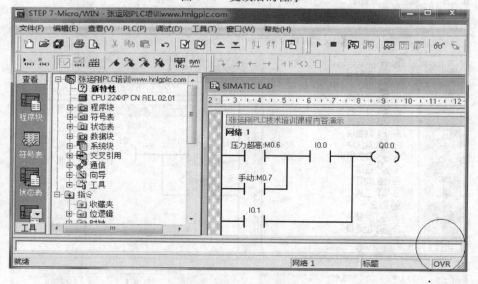

图 1-77　切换到 OVR

2. 软元件更改

软元件更改一般有两种方法：一是直接更改；二是使用编辑功能更改。

直接更改方法简单，在程序界面选中需要更改的软元件直接从键盘输入修改即可。

使用编辑功能。比如需要把图 1-79 所示的程序更改为图 1-80 所示的程序。单击文件栏的"编辑"→"替换"（见图 1-81），在弹出界面选择"替换"，在查找栏目输入"M0.6"，在替换为栏目输入"I0.3"，然后单击"全部替换"按钮，这样所有 M0.6 软元件都替换为 I0.3 了。使用编辑功能合适于多处需要更改，如果人工查找更改一是工作量大，二是容易漏掉。

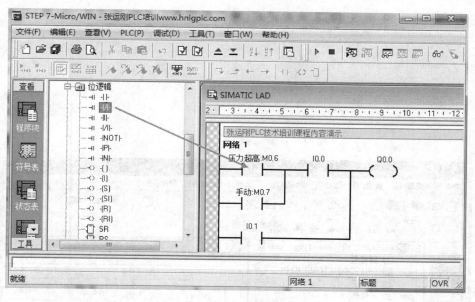

图 1-78 覆盖指令

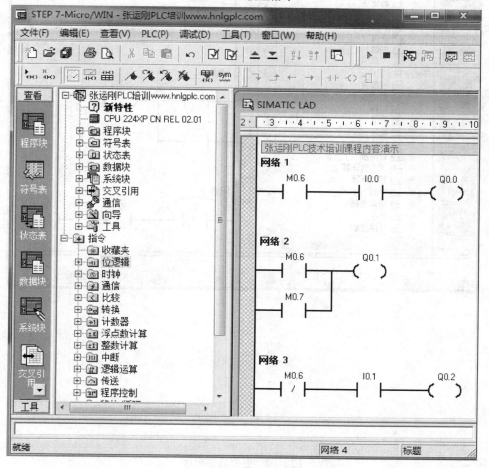

图 1-79 更改前的程序

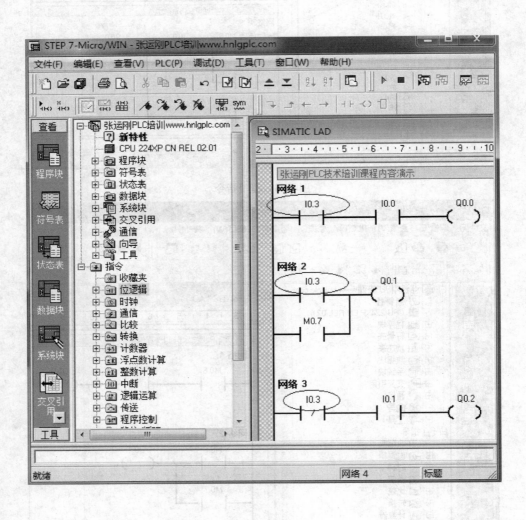

图 1-80　更改后的程序

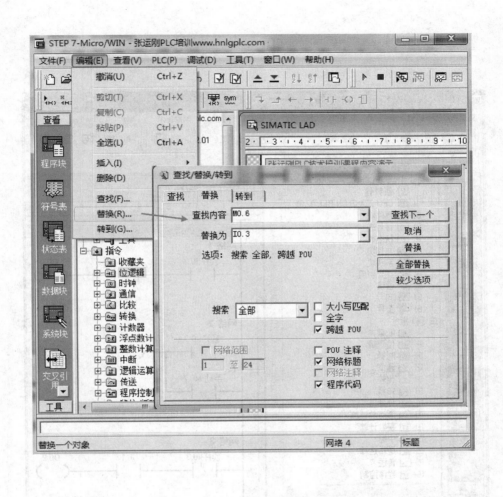

图 1-81 替换方法

3. 符号更改

在编写程序过程中，由于某种原因需要更改符号而软元件地址不变，比如需要把图 1-82 所示的程序更改为图 1-83 所示的程序。更改方法是首先单击文件栏的"查看"，在弹出的下拉界面中，把"符号寻址"一样前面的勾去掉，然后打开符号表，把符号表中 I0.3 的符号"顶杆"直接更为"到位"，然后保存符号表，最后单击文件栏的"查看"，在弹出的下拉界面中，把"符号寻址"一样前面的勾加上，更换完成。

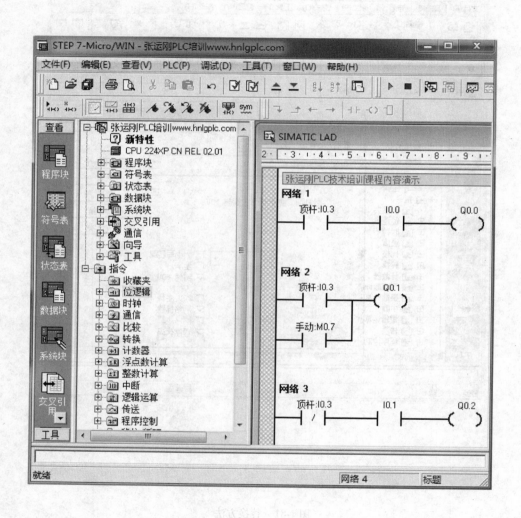

图 1-82　原来程序符号

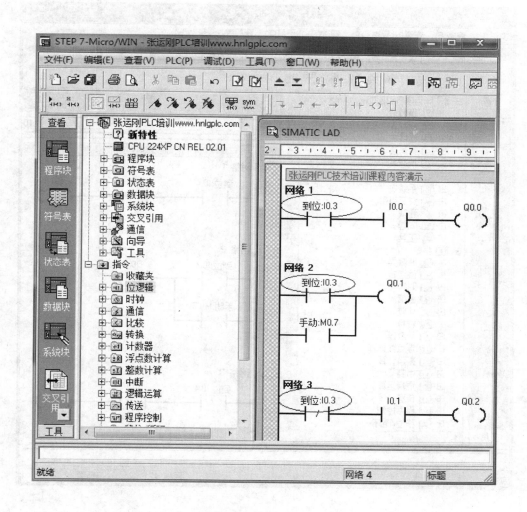

图 1-83　更改后程序符号

4. 软元件更改

在编写程序过程中，由于某种原因需要更软元件而符号不变，比如需要把图 1-83 所示的程序更改为图 1-84 所示的程序。更改方法是首先单击文件栏的"工具"→"选项"，在弹出的界面中，把符号寻址栏目属性更改为"仅显示符号"，然后打开符号表，把符号表中 I0.3 的地址直接更为 I0.4，然后保存符号表，最后单击文件栏的"工具"→"选项"，在弹出的界面中，把符号寻址栏目属性更改为"显示符号和地址"，更换完成（见图 1-85）。

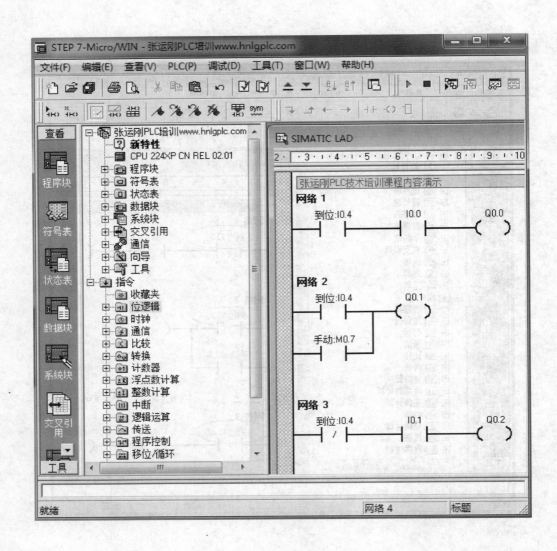

图 1-84　更改后程序软元件

5. 交叉引用

很多时候在查找程序逻辑互相关系时，需要了解相同一个软元件在程序里出现的位置，交叉引用就非常好使了。在程序界面，首先需要对程序执行全部编译，编译无误后，单击查看栏目的交叉引用按钮如图 1-86 所示，立即弹出如图 1-87 所示的交叉引用表。在交叉引用表中，可非常清晰地看到软元件在程序出现的位置和出现的形式，比如图中的 Q0.1，在主程序网络 2 以线圈和常开点出现、在网络 3 以常开点出现、在 SBR0 网络 2 以常开点出现、在 SBR1 网络 1 以常闭点出现。如果需要查看具体的程序所在位置，在交叉引用表双击需要查看的软元件马上会跳到相应的程序位置，非常方便。

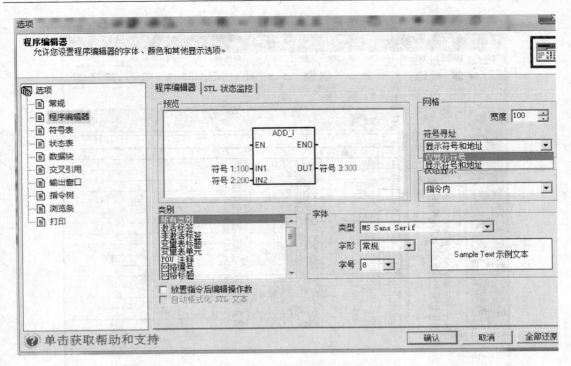

图 1-85　选项的符号寻址

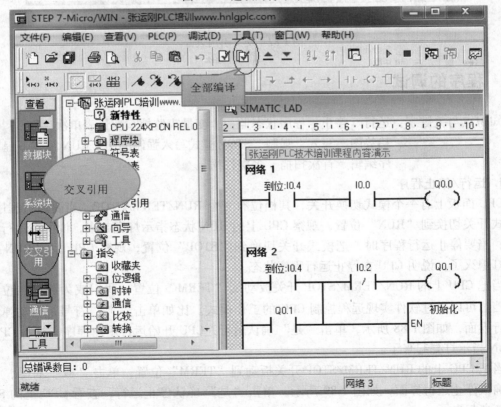

图 1-86　编译和交叉引用

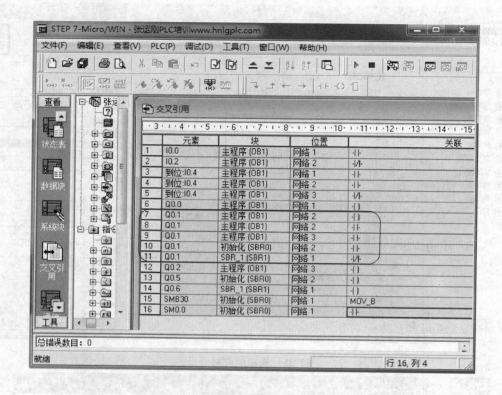

图 1-87　交叉引用表

1.7　程序的调试

知识点与关键字：运行　停止　程序状态监控　变量表监控　变量表单次读取
趋势图　写入　强制　STOP 模式写入强制输出　RUN 模式下程
序编辑　首次扫描　多次扫描

1. 运行/停止程序

CPU 面板上有一个模式切换开关，其档位有三个 RUN/TERM/STOP，当要运行程序时，把模式开关切换到"RUN"位置，观察 CPU 上的 RUN 状态指示灯亮起来，说明在运行程序状态；当要停止运行程序时，把模式开关切换到"STOP"位置，观察 CPU 上的 RUN 状态指示灯熄灭了，说明 CPU 在停止运行程序状态。

当把 CPU 上的 RUN/TERM/STOP 开关扳动到"TERM"位置，我们成为测试档位。在测试档位可以通过软件实现远程控制 CPU 的工作模式。比如单击"▶"符号，自动弹出确认运行界面，如图 1-88 所示，单击"是"确认运行，CPU 开始运行用户程序，查看 CPU 上的 RUN 指示灯亮起来了。

当把 CPU 上的 RUN/TERM/STOP 开关扳动到"TERM"位置，单击"■"符号，自动弹出确认停止运行界面，如图 1-89 所示，单击"是"确认停止运行，查看 CPU 上的 STOP 指示灯亮起来了。

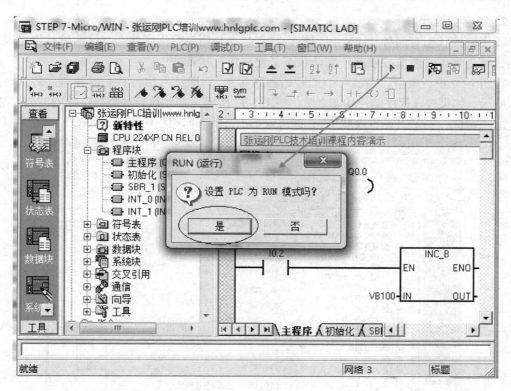

图 1-88　运行用户程序

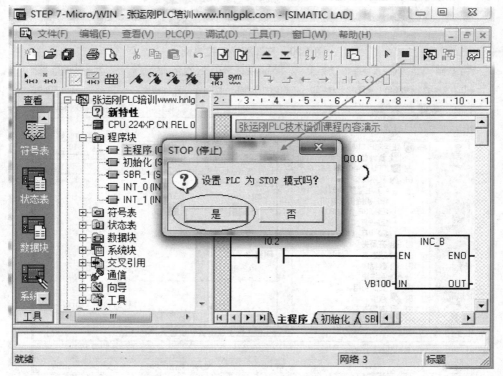

图 1-89　停止运行用户程序

2. 程序监控状态

程序监控状态有两种状态：使用执行状态和不是用执行程序状态，这两种状态可以来回切换，都是为了方便监控状态。默认状态是使用执行状态。

在图 1-90 中，单击"调试"→"开始程序状态"，即进入执行状态监控程序界面，如图 1-91 所示。如果进入程序监控状态之前，把图 1-90 所示"使用执行状态"前面的"勾"去掉，再单击"调试"→"开始程序状态"，即进入不执行状态监控程序界面，如图 1-92 所示。

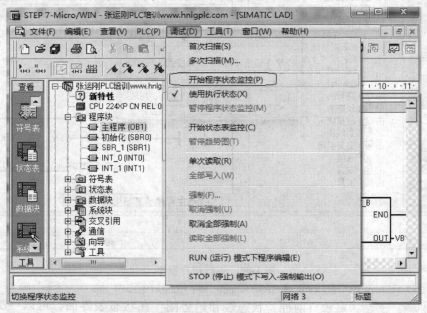

图 1-90　打开程序监控界面

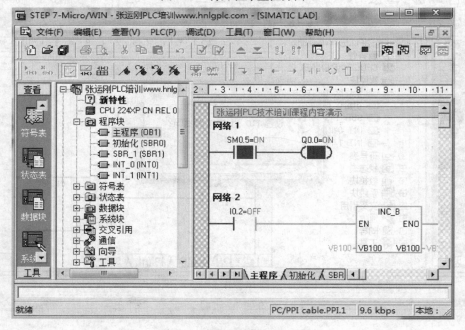

图 1-91　执行状态监控界面

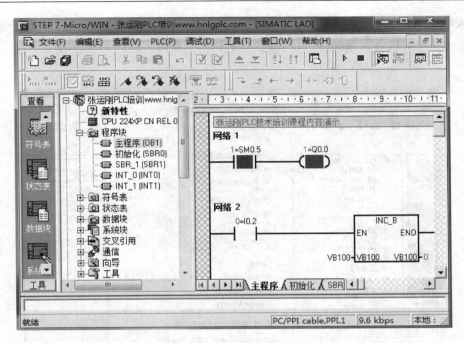

图 1-92 不执行状态监控界面

3. 状态图监控

在系统调试时，很多时候需要集中监控一些软元件状态，使用状态图监控就显得很方便。状态图监控，表达形式有两种：状态表和趋势图。在状态表界面，可以一次读取状态、不读取状态和每个扫描周期更新三种。

1）打开状态图：单击查看栏目中的状态图图标，打开状态图设置软元件界面如图 1-93 所示。如果需要在状态表临时监控软元件状态一次，单击"调试"→"单次读取"，可以更

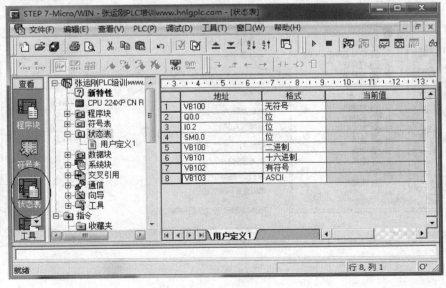

图 1-93 状态图

新状态表数值一次，如图 1-94 所示；如果需要在状态表连续监控软元件状态一次，单击"调试"→"开始状态表监控"，可以连续更新状态表数值，如图 1-95 所示。

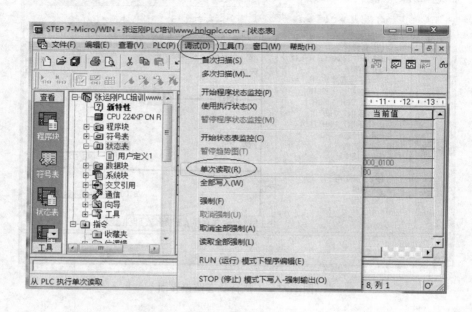

图 1-94　状态图一次读取

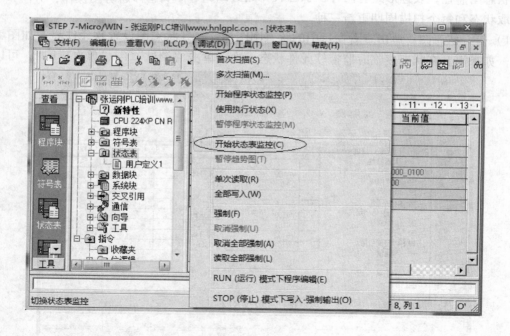

图 1-95　状态图连续读取

在状态表里面不仅可以监控软元件的状态，还可以修改软元件的数值。方法是在状态表界面的新值栏目需要修改数值的软元件处输入修改值，然后单击" 🖱 "就可以写入了如图 1-96 所示。

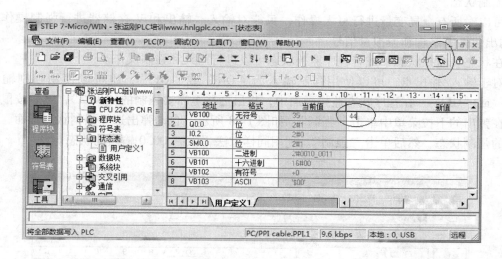

图 1-96 写入操作

2）趋势图：在状态表界面，按动右键，在弹出的窗口选择查看趋势图栏目如图 1-97 所示，既可以进入趋势图界面，在趋势图界面，可以启动趋势图和暂停趋势图操作，方法是单击"调试"→"暂停趋势图"。

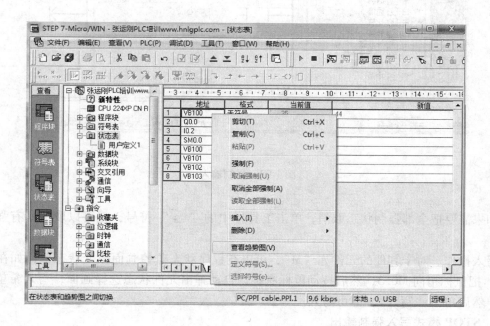

图 1-97 趋势图

4. 写入和强制

写入操作，是对软元件数值一次修改操作。强制操作，是对软元件数值进行锁住操作，在强制状态相当于把软元件状态锁住了，在其他任何地方无法更改，等到取消强制后才恢复正常控制状态。

可以对所有全局变量进行写入操作，只能对输入、输出和 V 存储器进行强制操作，输入/输出包括数字量和模拟量信号。

在状态表监控状态下或者程序监控状态可以进行写入和强制操作。

对于输入/输出点，可以使用强制输入为"ON"或"OFF"，也可以使用强制输出为"ON"或"OFF"。在程序状态监控画面中，将鼠标移至需要强制的"I0.2"，然后按鼠标右键，在弹出的下拉菜单中单击"强制"，如图 1-98 所示，自动弹出选择强制状态画面，写入希望的强制状态，然后单击"强制"。利用同样方法，强制 Q0.0 输出的状态。

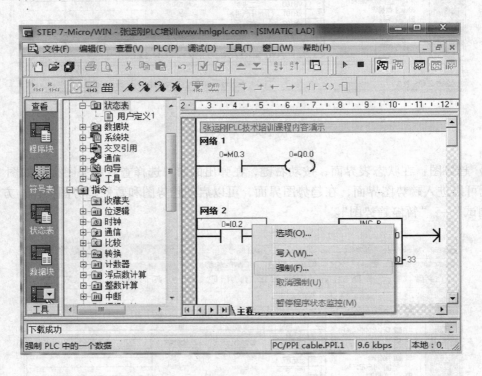

图 1-98　强制输入

如果需要把全部强制状态取消，单击工具栏中的"⊡"符号，就可以取消所有强制状态。

写入操作。对于其他的元件如"M"，可以在程序状态监控画面改变状态值，如在图 1-99 中，把鼠标指向 M0.3，然后按动鼠标右键，自动弹出元件状态选择画面，写入希望的状态值，然后单击"写入"，即可写入。

5. STOP 模式写入强制输出

有时候需要在 STOP 模式下测试 Q 输出点，可以使用 STOP 模式写入强制输出功能。操作方法是，进入程序监控状态并使 CPU 工作于 STOP 模式，单击"调试"→"STOP 模式下写入_强制输出"，如图 1-100 所示。这时候对输出点可以随意进行写入或者强制操作了。

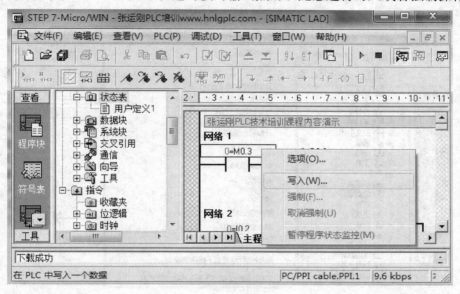

图 1-99　写入操作

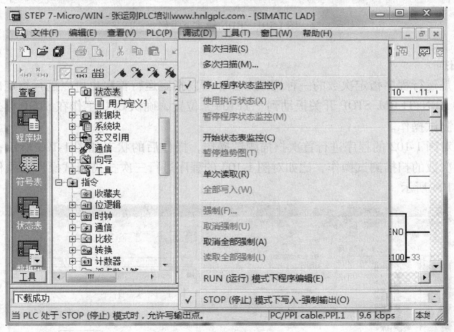

图 1-100　STOP 模式输出操作

6. RUN 模式下程序编辑

在平时维修维护中，偶尔需要在 RUN 模式下编辑程序，S7-200 支持这种操作。但是需要注意这样操作会带来一些危害，操作前请评估这种危害做好防范。操作方法是，使 CPU

工作于 RUN 模式，单击"调试"→"RUN 模式下程序编辑"，如图 1-101 所示。这时候可以在 RUN 模式下进行程序修改和下载操作了。

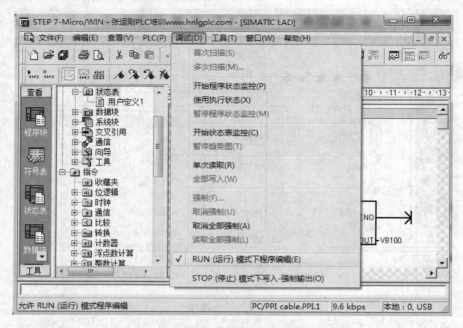

图 1-101　RUN 模式下编辑

7. 扫描

扫描是运行程序指定次数的一种调试方法，可以指定运行首次也可以运行指定次数。把 CPU 上的 RUN/TERM/STOP 开关扳动到"TERM"位置，确认 CPU 工作在 STOP 模式，然后进行扫描测试操作。

比如对图 1-102 的程序进行首次扫描测试操作，操作后的状态如图 1-103 所示；也可以进行指定次数的扫描测试操作，比如对图 1-103 的程序进行三次扫描测试操作，操作后的状态如图 1-104 所示。

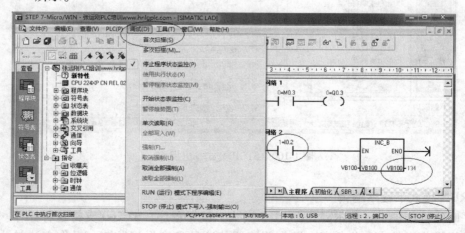

图 1-102　扫描测试前

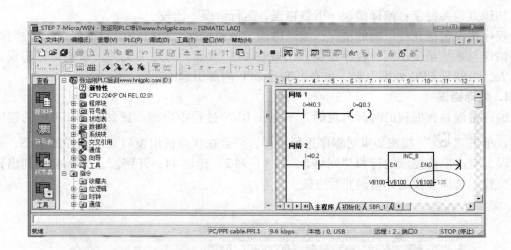

图 1-103 一次扫描后

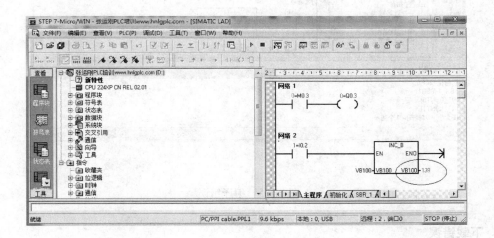

图 1-104 三次扫描后

1.8　程序的错误

知识点与关键字：编译错误　下载错误　运行错误　比较

程序错误包括几种可能的情况，编译错误、下载错误、运行错误和不能进入监控状态。程序错误与系统错误不同，程序错误只出现在 CPU 内部，与外围无关。系统运行错误，范围就大，可能是 CPU 外围引起，也有可能是 CPU 内部引起的。

1. 编译错误

编译错误是在编程的时候出现的，不会在 RUN 过程中出现。比如在图 1-105 的程序界面中，单击"🗹"按钮要求对程序进行编译，将会在状态输出窗口显示编译的状态，如果有错误，双击出错提示的行如"网络 3，行 1，列 2：错误 44：开路。"，光标会转到出错的程序位置，这样查找编译错误非常方便。

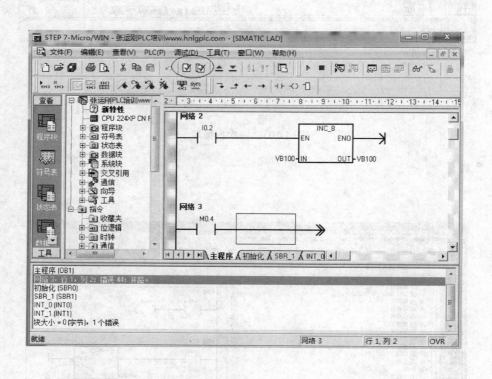

图 1-105　编译错误

2. 下载错误

下载错误是在下载程序的时候出现的，不会在其他过程中出现。比如在程序界面中，单击"⬇"按钮要求对程序进行下载，将会弹出下载操作界面，按照提示进行下载，在下载过程中弹出出错界面如图 1-106 所示。这时候把出错界面关闭，单击文件栏的"PLC"→"信息"，将会弹出具体错误提示如图 1-107 所示。

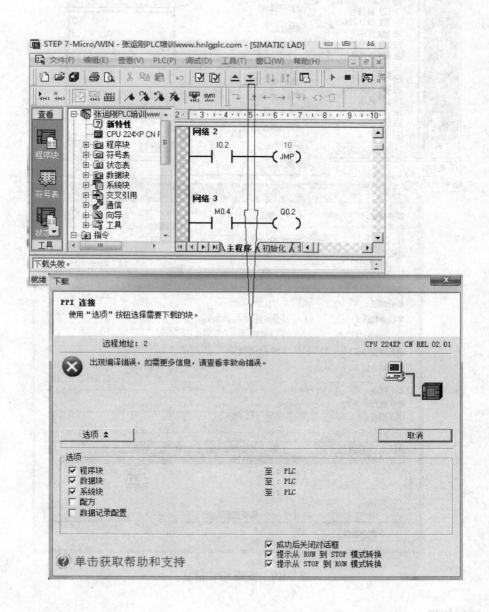

图 1-106　下载错误

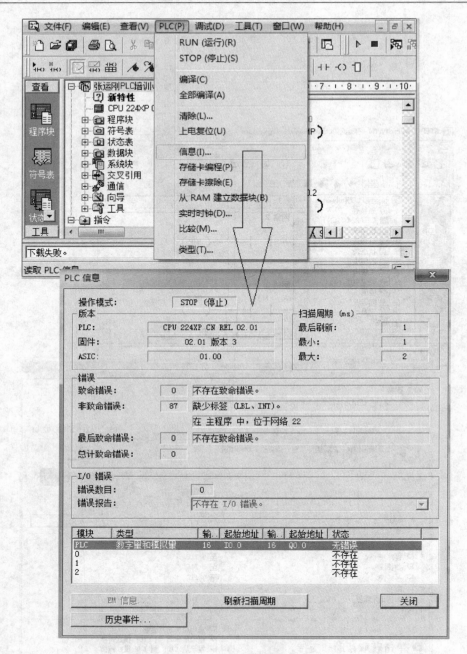

图 1-107　查看 CPU 信息

3. 运行错误

运行错误是在运行过程中出现的，不会在其他时候出现。当运行错误时，CPU 面板上的错误指示灯会点亮。当出现错误灯点亮时，查看 CPU 信息，可以获取错误的具体错误类型。

4. 不能进入监控状态

在现场维护时，常常出现不能进入程序监控状态。这很多时候是电脑显示的程序与

CPU 程序不同，要进入监控状态必须要通过比较这关，比较完全相同才能进入程序监控状态。不能进入监控状态提示如图 1-108 所示。单击图中"比较"按钮，要求进行再次比较，如果能通过就可以进入监控状态。

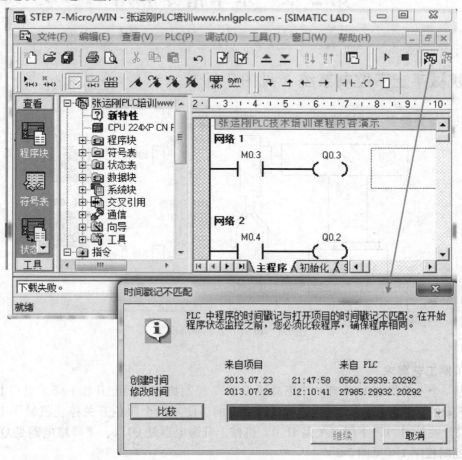

图 1-108　不能进入监控状态提示

第 2 章 基本指令应用

2.1 机械手上下控制系统（见图 2-1）

知识点与关键字：互锁编程 驱动 置位/复位

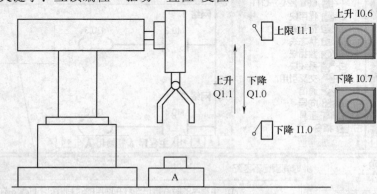

图 2-1 机械手上下控制系统

1. 控制工艺要求

使用一个上升按钮 I0.6 和一个下降按钮 I0.7 控制机械手的上升和下降，当在上升时是不允许下降的，同样当在下降时是不允许上升的。使用两个限位开关停止机械手上升和下降，上限开关是 I1.1，下限开关是 I1.0。机械上升继电器是 Q1.1，下降继电器是 Q1.0。

2. 控制程序 1（见图 2-2）

程序 1 调试解说：

当机械手在停止状态按动上升按钮 I0.6，机械手上升 Q1.1 =1 并自锁保持，上升到位 I1.1 =1 后自动停止。

当机械手在停止状态按动下降按钮 I0.7，机械手下降 Q1.0 =1 并自锁保持，下降到位 I1.0 =1 后自动停止。

3. 控制程序 2（见图 2-3）

程序 2 调试解说：

当机械手在停止状态按动上升按钮

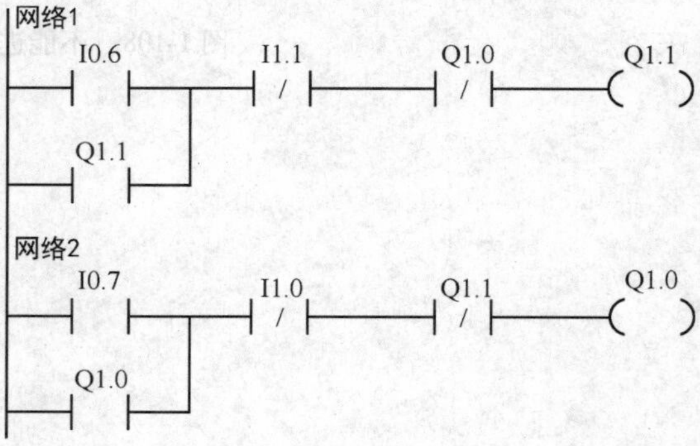

图 2-2 机械手上下控制程序 1

I0.6，机械手上升 Q1.1 =1 并自保持，上升到位 I1.1 =1 后自动停止。

当机械手在停止状态按动下降按钮 I0.7，机械手下降 Q1.0 =1 并自保持，下降到位 I1.0 =1 后自动停止。

讨论和思考：

为了实现机械手上下控制功能，使用如图 2-4 所示的控制程序行不行？为什么？

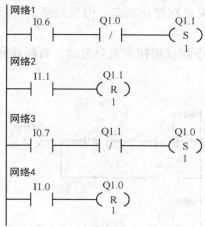

图 2-3　机械手上下控制程序 2

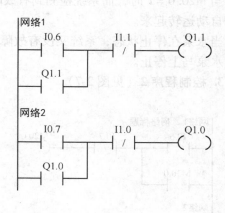

图 2-4　机械手上下控制程序 3

2.2　水泵控制系统（见图 2-5）

知识点与关键字：条件编程　驱动　置位/复位

1. 控制工艺要求

水泵控制系统的控制面板有起动按钮 I0.6、停止按钮 I0.7 和测试按钮 I1.0，控制回路里面还有故障检测开关 I1.1，驱动水泵继电器 Q1.0。起动按钮、停止按钮和测试按钮都是接常开触点，故障检测开关当检测到有故障时是变成接通状态。

当没有故障状态下需要起动时，按动起动按钮 I0.6，水泵起动；当按动停止按钮 I0.7，水泵会停止。

当需要测试水泵时，可以按下测试按钮 I1.0 水泵会起动，当松开测试按钮时时水泵马上停止。

图 2-5　水泵控制系统

当系统检测到有故障时，检测开关 I1.1 会接通，自动停止水泵运转。

2. 控制程序 1（见图 2-6）

程序 1 调试解说：

M20.0 是起动按钮和停止按钮动作控制水泵的状态标志位，当按动起动按钮 I0.6 时，M20.0 = 1，表示起动水泵命令；当按动停止按钮 I0.7 时，M20.0 = 0 表示有停止水泵命令。

当 M20.0 = 1 时，而系统又没有检测到有故障，这时水泵是在运转状态；当 M20.0 = 0 或者系统检测到有故障，水泵会停止。

当 M20.0 = 1 时，而系统检测到有故障，这时水泵是在停止状态，但当故障消失后，水泵会自动运转起来。

当水泵在停止状态，系统又没有故障状态下，按下测试按钮水泵会起动，当释放测试按钮，水泵马上停止。

3. 控制程序 2（见图 2-7）

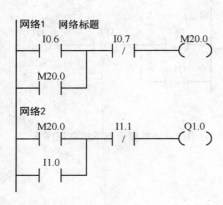

图 2-6　水泵控制系统程序 1

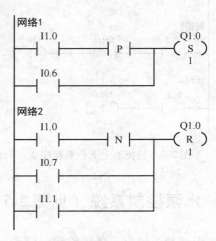

图 2-7　水泵控制系统程序 2

程序 2 调试解说：

系统没有检测到有故障状态下，当按动起动按钮 I0.6 时，表示起动水泵；当按动停止按钮 I0.7 时，表示停止水泵。

当水泵在运行状态时，而系统又检测到有故障 I1.1 = 1，这时水泵会停止。

当系统在没有故障状态下，按下测试按钮水泵会起动，当释放测试按钮，水泵马上停止。

讨论和思考：

为了实现水泵系统控制功能，使用如图 2-8 所示的控制程序行不行？为什么？

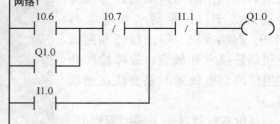

图 2-8　水泵控制系统程序 3

2.3　电动机星-三角起动（手动）控制系统（见图 2-9）

知识点与关键字：互锁编程　条件编程　顺序编程　驱动　置位/复位

1. 控制工艺要求

为了降低起动电流，电动机起动时很多时候采用降压起动，其中三相异步电动机采用自身绕组接线特点，可以采用绕组星形联结起动，起动完成后再切换成三角形联结进入运行状态。

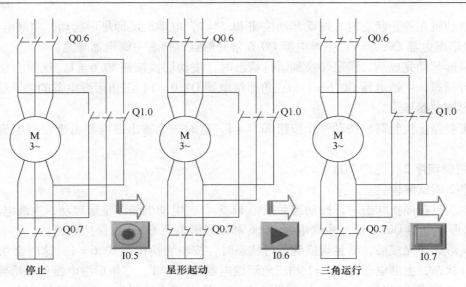

图 2-9　星-三角起动（手动）控制系统

停止时，主继电器 Q0.6 = 0，星形继电器 Q0.7 = 0，三角形继电器 Q1.0 = 0。

起动时，主继电器 Q0.6 = 1，星形继电器 Q0.7 = 1，三角形继电器 Q1.0 = 0。

运行时，主继电器 Q0.6 = 1，星形继电器 Q0.7 = 0，三角形继电器 Q1.0 = 1。

起动操作，按动起动按钮 I0.5 = 1；切换操作，按动切换按钮 I0.6 = 1；停止操作，按动停止按钮 I0.7 = 1。

2. 控制程序 1（见图 2-10）

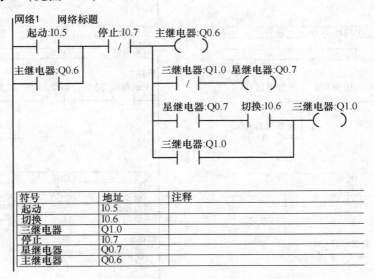

图 2-10　星-三角起动（手动）控制程序 1

程序 1 调试解说：

程序中出现有符号，需要在符号表定义，默认设置就会在程序界面出现。

当电动机在停止状态时，按动起动按钮 I0.5＝1，电动机随即星形起动，主继电器 Q0.6＝1 和星形继电器 Q0.7＝1。主继电器 Q0.6 常开触点维持着主继电器导通。

当星形起动完成后，满足切换到运行状态时，按动切换按钮 I0.6＝1，这时会切换到三角形运行状态，主继电器 Q0.6＝1 和三角形继电器 Q1.0＝1。三角形继电器的常开触点维持着三角形继电器导通。

当需要停止控制时，按动停止按钮 I0.7＝1，这时三个输出继电器由于没有电流维持所以均断开。

3. 控制程序 2（见图 2-11）

程序 2 调试解说：

当电动机在停止状态时，按动起动按钮 I0.5＝1，电动机随即星形起动，主继电器 Q0.6＝1 和星形继电器 Q0.7＝1。主继电器 Q0.6 和星形继电器 Q0.7 自保持导通。

当星形起动完成后，满足切换到运行状态时，按动切换按钮 I0.6＝1，这时会切换到三角形运行状态，主继电器 Q0.6＝1 和三角形继电器 Q1.0＝1。三角形继电器自保持导通。

当需要停止控制时，按动停止按钮 I0.7＝1，这时三个输出继电器由于复位命令所以均断开。

讨论和思考：

为了实现星-三角起动（手动）控制功能，使用如图 2-12 所示的控制程序行不行？为什么？

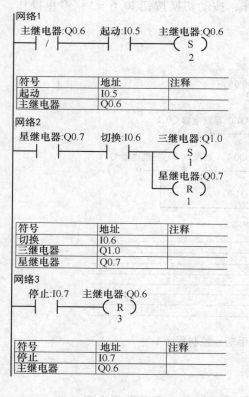

图 2-11 星-三角起动（手动）控制程序 2

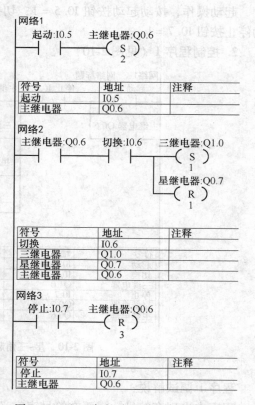

图 2-12 星-三角起动（手动）控制程序 3

2.4　顺序控制系统（见图 2-13）

知识点和关键字：信号脉冲　逻辑条件　置位　复位　驱动　顺序编程　扫描顺序

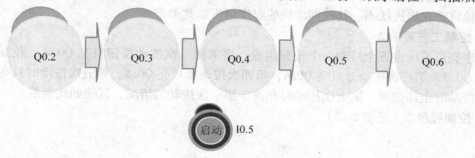

图 2-13　顺序控制系统

1. 控制工艺要求 1

顺序亮灯系统由五个灯和一个按钮组成。要求第一次按动按钮只亮一个灯 Q0.2，第二次按动时亮两个灯 Q0.2 和 Q0.3，第三次按动时亮三个灯 Q0.2、Q0.3 和 Q0.4，第四次按动时亮四个灯 Q0.2、Q0.3、Q0.4 和 Q0.5，第五次按动时从 Q0.2 开始的五个灯全亮，第六次按动时全部熄灭，第七次按动时相当于第一次按动的情况，其他如此类推。

2. 控制程序 1（见图 2-14）

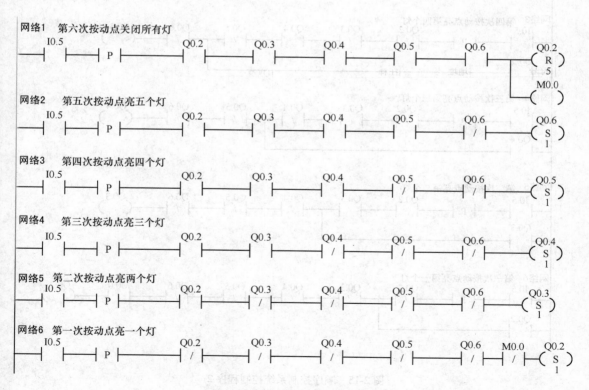

图 2-14　顺序控制系统控制程序 1

程序 1 调试解说：

一个按钮信号控制多个灯，要求弄清楚其他条件关系。比如图 2-14 中，网络 6 的程序，条件除了按钮信号脉冲外，还有其他灯都在熄灭状态，而且这些灯是在稳定的熄灭状态，而不是刚刚熄灭状态；又如网络 5，这时第二次按动按钮信号，第二次的条件是只有 Q0.2 亮灯，其他灯都在熄灭状态。其他网络段的程序解析如此类推。

3. 控制工艺要求 2

顺序亮灯系统由五个灯和一个按钮组成。要求第一次按动按钮只亮 Q0.2，第二次按动时只亮 Q0.3，第三次按动时只亮 Q0.4，第四次按动时只亮 Q0.5，第五次按动时只亮 Q0.6，第六次按动时全部熄灭，第七次按动时相当于第一次按动的情况，其他如此类推。

4. 控制程序 2 （见图 2-15）

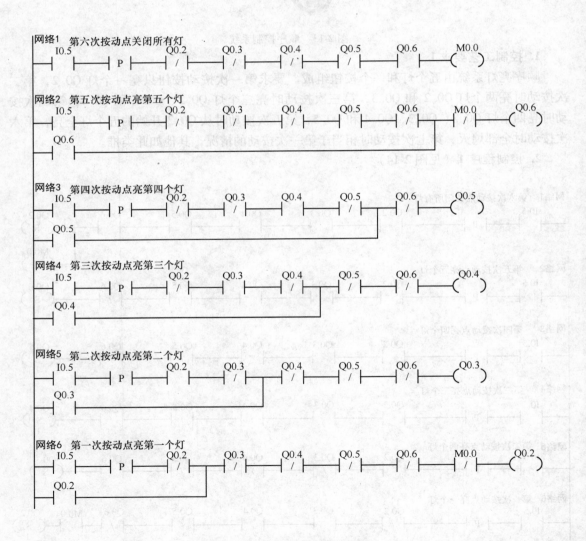

图 2-15　顺序控制系统控制程序 2

程序 2 调试解说：

一个按钮信号控制多个灯，必须弄清楚每个灯的启动条件和关闭条件。比如图 2-15 中，网络 6 的程序，启动条件除了按钮信号脉冲外，还有其他灯都在熄灭状态，而且这些灯是在稳定的熄灭状态，而不是刚刚熄灭状态，关闭条件是有其他灯点亮的事件；又如网络 5，这时第二次按动按钮信号，第二次启动的条件是只有 Q0.2 亮灯，其他灯都在熄灭状态，关闭条件是有其后面的灯点亮事件。其他网络段的程序解析如此类推。

5. 控制程序 3（见图 2-16）

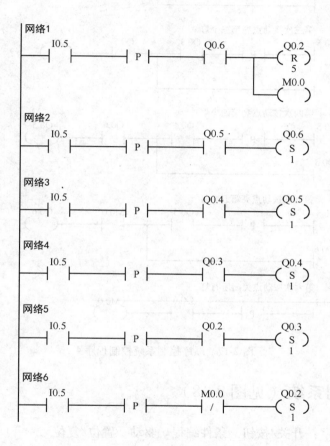

图 2-16　控制程序 3

程序 3 调试解说：

程序 3，同样可以达到控制工艺要求 1 的动作，其顺序要求比较严谨，如果顺序搞错了就达不到这种控制动作了。

讨论和思考：

为了实现控制工艺 2 的顺序控制功能，使用如图 2-17 所示的控制程序行不行？为什么？

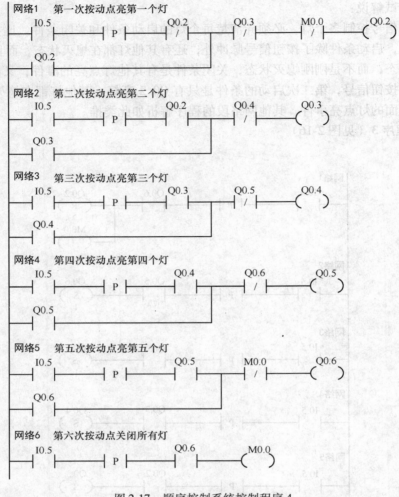

图 2-17　顺序控制系统控制程序 4

2.5　抢答控制系统（见图 2-18）

知识点与关键字：开关/按钮　条件编程　驱动　置位/复位

1. 控制工艺要求

以生活垃圾分类常识优先抢答控制为例，有三组抢答分别是，小学生组、中学生组和大学生组。小学生组有三个按钮，在有效抢答期间随便按下一个按钮都有效；中学生组有一个按钮，在有效抢答期间按下有效；大学生组有两个按钮，在有效抢答期间需要两个同时按下才有效。

主持人出题完毕后，需要给出允许抢答信号 I1.0 = 1，为有效抢答时间。

抢答：在有效抢答时间里，哪组先给出有效抢答信号，其台上允许回答灯立即亮起来。当有允许回答灯亮起来后，其他组尽管尝试给出抢答信号，都无效其台面上允许回答灯不会亮。

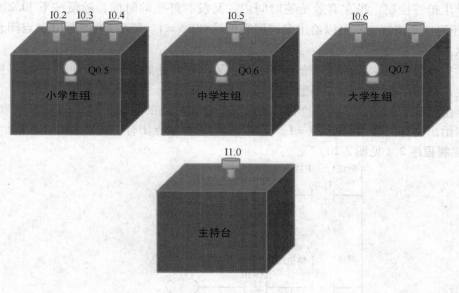

图 2-18　抢答控制系统

2. 控制程序 1（见图 2-19）

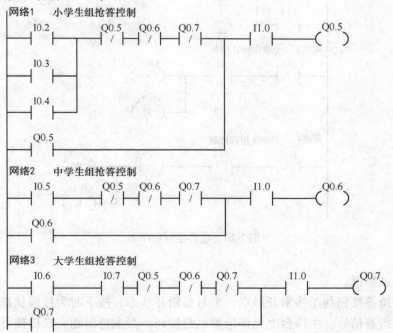

图 2-19　抢答控制程序 1

程序 1 调试解说：

三组学生抢答按钮均是接常开触点，平时是断开状态，按下时为接通状态。

复位灯信号和运行抢答。主持台上允许抢答是开关，禁止回答和复位状态时开关是断开的，当允许抢答时是接通状态。

小学生抢答控制。当在有效抢答时间内，又没有灯亮的时候，随便按下 I0.2、I0.3 或者 I0.4 任何一个按钮，均可以给出允许回答信号 Q0.5 =1。随后 Q0.5 常开触点闭合，保持着灯亮状态。

中学生抢答控制。当在有效抢答时间内，又没有灯亮的时候，随便按下 I0.5 按钮，可以给出允许回答信号 Q0.6 =1。随后 Q0.6 常开触点闭合，保持着灯亮状态。

大学生抢答控制。当在有效抢答时间内，又没有灯亮的时候，同时按下 I0.6 和 I0.7 按钮，可以给出允许回答信号 Q0.7 =1。随后 Q0.7 常开触点闭合，保持着灯亮状态。

3. 控制程序 2（见图 2-20）

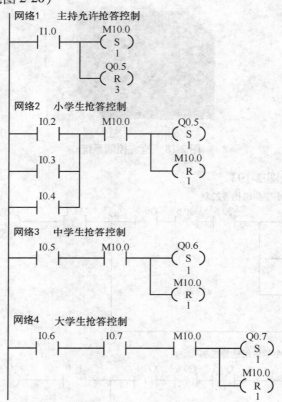

图 2-20　抢答控制程序 2

程序 2 调试解说：

三组学生抢答按钮均是接常开触点，平时是断开状态，按下时为接通状态。

给出允许抢答信号。主持台上允许抢答也是按钮，当主持出题完成后按下按钮，即表示允许抢答是有效回答时间。

小学生抢答控制。当在有效抢答时间内，又没有灯亮的时候，随便按下 I0.2、I0.3 或者 I0.4 任何一个按钮，均可以给出允许回答信号 Q0.5 =1，随后自保持灯亮着。

中学生抢答控制。当在有效抢答时间内，又没有灯亮的时候，随便按下 I0.5 按钮，可以给出允许回答信号 Q0.6 =1。随后自保持灯亮着。

大学生抢答控制。当在有效抢答时间内，又没有灯亮的时候，同时按下 I0.6 和 I0.7 按钮，可以给出允许回答信号 Q0.7 = 1。随后自保持灯亮着。

讨论和思考：

为了实现抢答控制功能，使用如图 2-21 所示的控制程序行不行？为什么？

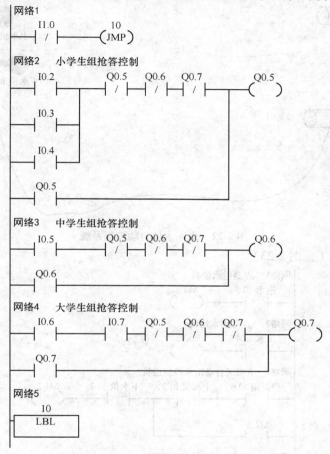

图 2-21 抢答控制程序 3

2.6 水库水位自动控制系统（见图 2-22）

知识点和关键字：自锁 置位 复位 双重线圈

1. 控制工艺要求

水库水位控制系统，有两个水位检测开关上水位 I0.3 和下水位检测开关 I0.2，有两个水阀进水阀 Q0.3 和出水阀 Q0.2，如图 1 所示。上水位开关特征是当开关露出水面时是断开状态，而下水位开关特征是当开关浸泡在水里时是断开状态。

出水控制。当自然状态比如下雨时（I0.6 = 1 检测下雨）水位高于 I0.3 时，需要放水一直到水位到达下水位 I0.2 时自动停止出水。当点动出水按钮 I0.4 时，出水阀会点动打开。

进水控制。当自然状态下比如没有下雨（I0.6 = 0 检测无雨），检测到水位低于下水位

I0.2 时，需要进水一直到水位到达上水位 I0.3 时自动停止进水。当点动进水按钮 I0.5 时，进水阀会点动控制。

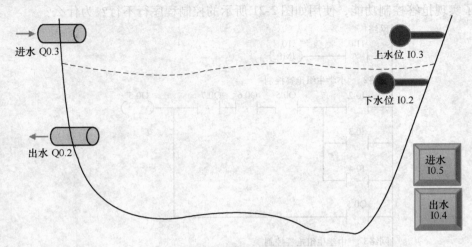

图 2-22 水库水位自动控制系统

2. 控制程序 1（见图 2-23）

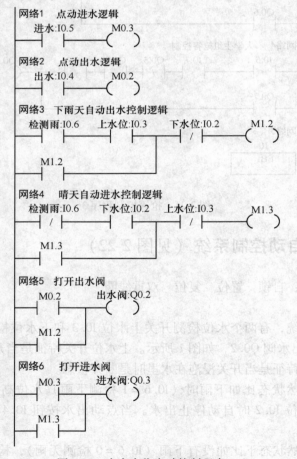

图 2-23 水库水位自动控制程序 1

程序 1 调试解说：

图 2-23 中的程序，M0.2 和 M1.2 代表了 Q0.2 出水阀门状态，M0.3 和 M1.3 代表了 Q0.3 进水阀门状态。

1）点动控制：不管在什么状态下都可以进行点动进水和出水控制，点动控制一般是在检修和调试临时短暂时间使用。

2）自动控制：长时间状态下，水位都在自动状态下控制水位保持在一定水位范围。主要以进水控制为主。出水控制是在雨天过高水位时，进行出水控制。

3. 控制程序 2（见图 2-24）

程序 2 调试解说：

图 2-24 中的程序，使用了置位和复位指令实现。

1）点动控制：不管在什么状态下都可以进行点动进水和出水控制，点动控制一般是在检修和调试临时短暂时间使用。

2）自动控制：长时间状态下，水位都在自动状态下控制水位保持在一定水位范围。主要以进水控制为主。出水控制是在雨天过高水位时，进行出水控制。

讨论和思考：

为了实现水库水位自动控制功能，使用如图 2-25 所示的控制程序行不行？为什么？

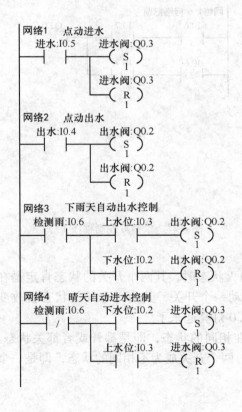

图 2-24　水库水位自动控制程序 2

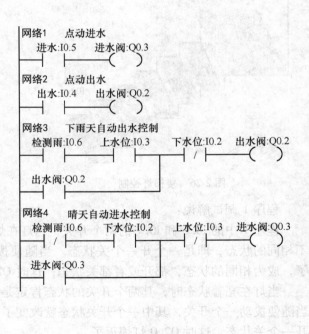

图 2-25　水库水位自动控制程序 3

2.7　楼梯灯控制系统

知识点与关键字：位取反逻辑　开关/按钮　扫描顺序

生活中楼梯灯的双联控制（见图 2-26）。

1. 控制工艺要求

生活中楼梯灯 Q2.0，下层有开关 I0.6，上层有开关 I0.7，两个开关同时控制一个灯。具体要求是，当灯在熄灭状态下随便按动一个开关都会亮起来；当灯在亮着状态下随便按动一个开关，其都要熄灭。

2. 控制程序 1（见图 2-27）

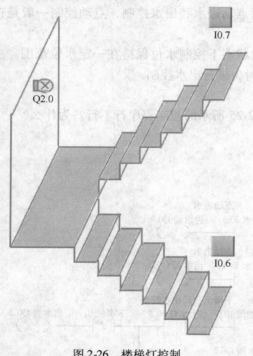

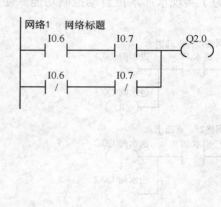

图 2-26　楼梯灯控制　　　　　　　　　　图 2-27　楼梯灯控制程序 1

程序 1 调试解说：

程序 1 中的 I0.6 和 I0.7 的两个开关，当灯在熄灭状态时，其两个开关的状态肯定是在不相同的状态，即是一个开一个关状态。当随便拨动一个开关，其中一个开关状态就改变了，成为相同的状态，都开或者都关状态，这时 Q2.0 灯亮起来了。

当灯在亮着状态时，其两个开关的状态肯定是在相同的状态，即是都开或者都关状态。当随便拨动一个开关，其中一个开关状态就改变了，两个开关成为不相同的状态，即是一个开一个关状态，这时 Q2.0 灯熄灭了。

3. 控制程序 2（见图 2-28）

程序 2 调试解说：

程序 2 中的 I0.6 和 I0.7 的两个开关，随便拨动一个开关都会发出一个控制信号 M20.0。当灯在熄灭状态 Q2.0 = 0 时，系统又有控制信号，这时的控制信号是开启信号 M20.1

=1，灯会亮起来。

当灯在亮着状态 Q2.0 =1 时，系统又有控制信号，这时的控制信号是关闭信号 M20.2 =1，灯就熄灭了。

4. 控制程序 3（见图 2-29）

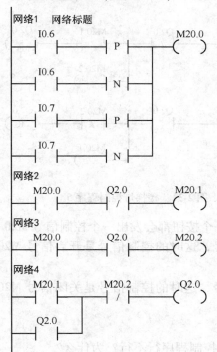

图 2-28　楼梯灯控制程序 2

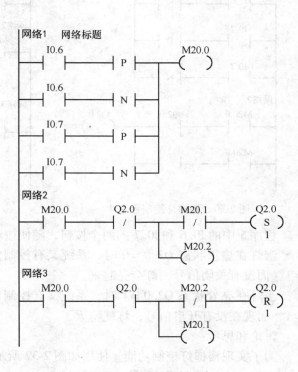

图 2-29　楼梯灯控制程序 3

程序 3 调试解说：

程序 3 中的 I0.6 和 I0.7 的两个开关，随便拨动一个开关都会发出一个控制信号 M20.0。

当灯在熄灭状态 Q2.0 =0 时，系统又有控制信号，这时的控制信号是开启信号 M20.2 =1，而没有关闭信号，灯会亮起来。

当灯在亮着状态 Q2.0 =1 时，系统又有控制信号，这时的控制信号是关闭信号 M20.1 =1，而这时没有开启信号，灯就熄灭了。

5. 控制程序 4（见图 2-30）

程序 4 调试解说：

程序 4 中的 I0.6 和 I0.7 的两个开关，随便拨动一个开关都会发出一个控制信号 M20.0。

当灯在熄灭状态 Q2.0 =0 时，系统又有控制信号，这时的控制信号是开启信号，灯会亮起来。由于控制信号是一个脉冲信号，当灯亮起来后控制信号往后马上变为 0，所以这时控制信号和亮灯状态成为了维持灯继续亮的自保持信号，因此灯继续保持亮状态。

当灯在亮着状态 Q2.0 =1 时，系统又有控制信号，这时驱动灯的两个支路均不导通，所以灯就熄灭了。

6. 控制程序 5（见图 2-31）

程序 5 调试解说：

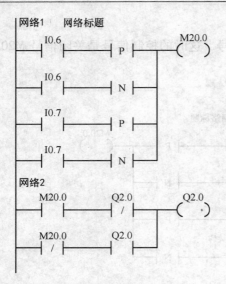

图 2-30　楼梯灯控制程序 4　　　　　图 2-31　楼梯灯控制程序 5

程序 5 中的 I0.6 和 I0.7 的两个按钮，随便按动一个按钮都会发出一个控制信号 M20.0。

当灯在熄灭状态 Q2.0 = 0 时，系统又有控制信号，这时的控制信号是开启信号 M20.2 = 1，而没有关闭信号，灯会亮起来。

当灯在亮着状态 Q2.0 = 1 时，系统又有控制信号，这时的控制信号是关闭信号 M20.1 = 1，而现在没有开启信号，灯就熄灭了。

讨论和思考：

为了实现楼梯灯控制功能，使用如图 2-32 所示的控制程序行不行？为什么？

图 2-32　楼梯灯控制程序 6

2.8 车库出入口交通自动控制系统（见图2-33）

知识点与关键字：标志位编程 互锁编程

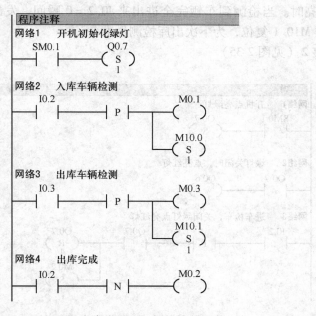

图 2-33 车库出入口窄道双向交通自动控制系统

1. 控制工艺要求

车库出入口是窄道，双向行驶。为了避免同时有车出和入，需要出入管制。当绿灯亮时，表示窄道上没有车辆，允许进出通行；如果红灯亮时，表示窄道上正在有车辆行驶，这时禁止其他车辆进和出。

在入库口窄道处安装有检测车辆的感应器 I0.2，没有车辆接近时是断开状态，当检测有车辆接近时导通；在出库口窄道处安装有检测车辆的感应器 I0.3，没有车辆接近时是断开状态，当检测有车辆接近时导通。

2. 控制程序1（见图2-34）

图 2-34 车库出入口红绿灯控制程序1

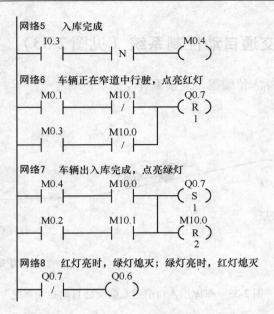

图 2-34　车库出入口红绿灯控制程序 1（续）

程序 1 调试解说：

每次开机时都亮起绿灯，关闭红灯，表示允许进出。

当检测到有车辆入库时，I0.2 = 1 挂起入库信号 M10.0 = 1，同时启动关闭绿灯信号脉冲 M0.1 = 1，红灯亮时。当检测到车辆完全进入库 I0.3 = 0 瞬间，发出亮绿灯信号 M0.4 = 1，同时把入库信号 M10.0 复位，为下次入库检测做准备。

当检测到有车辆出库时，I0.3 = 1 挂起入库信号 M10.1 = 1，同时启动关闭绿灯信号脉冲 M0.3 = 1，红灯亮时。当检测到车辆完全进出来 I0.2 = 0 瞬间，发出亮绿灯信号 M0.2 = 1，同时把入库信号 M10.1 复位，为下次出库检测做准备。

3. 控制程序 2（见图 2-35）

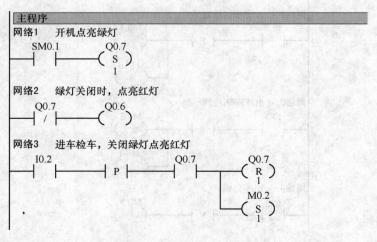

图 2-35　车库出入口红绿灯控制程序 2

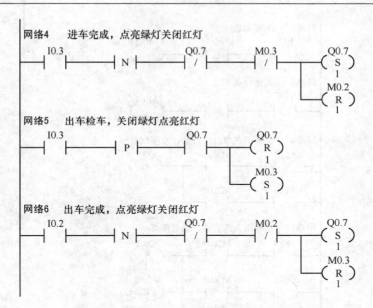

图 2-35　车库出入口红绿灯控制程序 2（续）

程序 2 调试解说：

每次开机时都亮起绿灯，关闭红灯，表示允许进出。

1）入库控制。当绿灯亮起时，I0.2 = 1 瞬间说明有车入库，挂起入库信号 M0.2 = 1，同时关闭绿灯亮起红灯，表示窄道上有车辆禁止其他车辆驶入窄道。当车完全入库 I0.3 = 0 瞬间，复位入库信号 M0.2 = 0，关闭红灯亮起绿灯，表示允许其他车辆进出。

2）出库控制。当绿灯亮起时，I0.3 = 1 瞬间说明有车出库，挂起出库信号 M0.3 = 1，同时关闭绿灯亮起红灯，表示窄道上有车辆禁止其他车辆驶入窄道。当车完全出库 I0.2 = 0 瞬间，复位出库信号 M0.3 = 0，关闭红灯亮起绿灯，表示允许其他车辆进出。

讨论和思考：

为了实现车库出入口红绿灯控制功能，使用如图 2-36 所示的控制程序行不行？为什么？

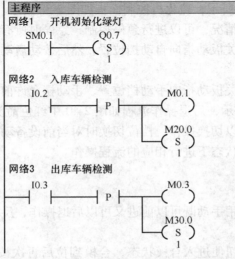

图 2-36　车库出入口红绿灯控制程序 3

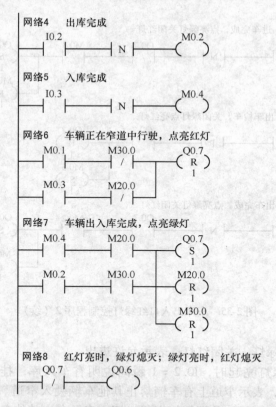

图 2-36　车库出入口红绿灯控制程序 3（续）

2.9　硫化机控制系统（见图 2-37 ~ 图 2-40）

知识点与关键字：两个档位程序　顺序控制　步进阶梯指令　急停控制

1. 控制工艺要求

硫化机实物图如图 2-37 所示，硫化机控制面板如图 2-38 所示。硫化机一般有两个档位：手动档和自动档。当有紧急情况，可以进行急停控制，急停时所有输出均禁止。

自动档操作。把档位开关扳动指向自动挡位置，然后按动启动按钮，即进入自动控制流程中，如图 2-39 所示。

手动档操作。把档位开关扳动指向手动档位置，手动档允许前进和后退操作，前进操作流程如图 2-40 中绿色箭头表示，后退操作流程如图 2-40 中红色箭头表示。

手动档与自动档随时可以切换操作，档位切换时对当前设备动作不受影响，意思是档位切换后立即可以在当前设备状态下进行相应的流程操作。

2. 控制程序（图 2-41）

程序调试解说：

首先切换到手动档，使用手动既可以前进又可以后退操作，反复仔细调整好到位传感器的位置和灵敏度。

在手动档，按动前进按钮便进入合模状态，合模到位后再次按动前进按钮，开始入模，入模到位后，按动前进按钮开始加压，加压到位后按动前进按钮开始泄压，泄压完成后按动前进按钮便出模，出模到位后按动前进按钮开模。

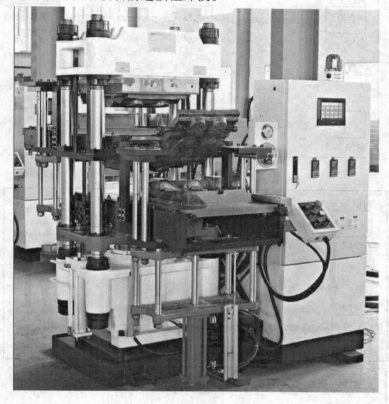

图 2-37 硫化机实物图

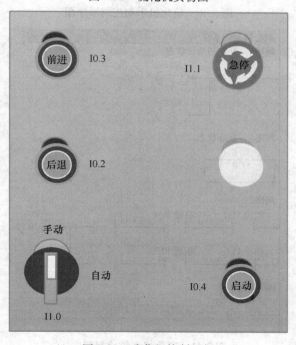

图 2-38 硫化机控制面板

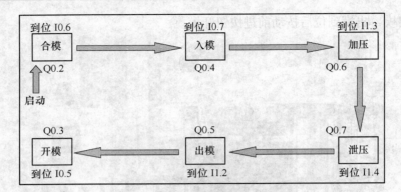

图 2-39　硫化机自动控制顺序图

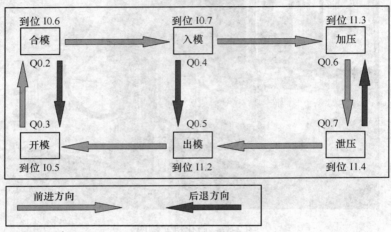

图 2-40　硫化机手动控制顺序图

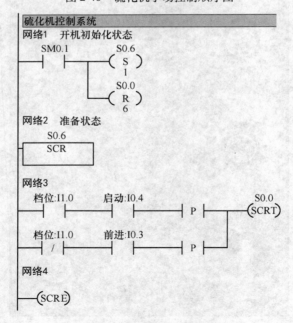

图 2-41　硫化机系统控制程序

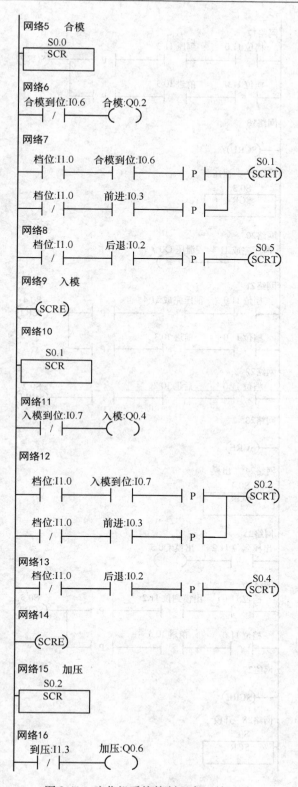

图 2-41　硫化机系统控制程序（续一）

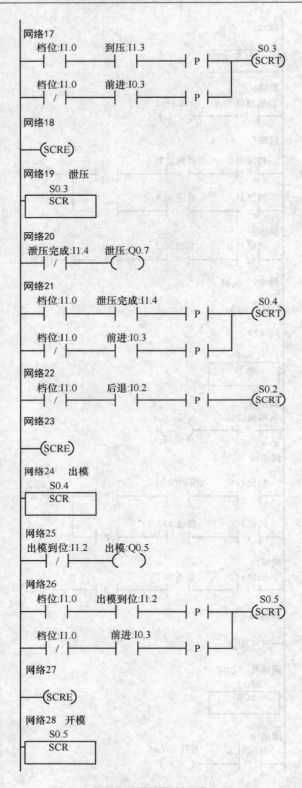

图 2-41　硫化机系统控制程序（续二）

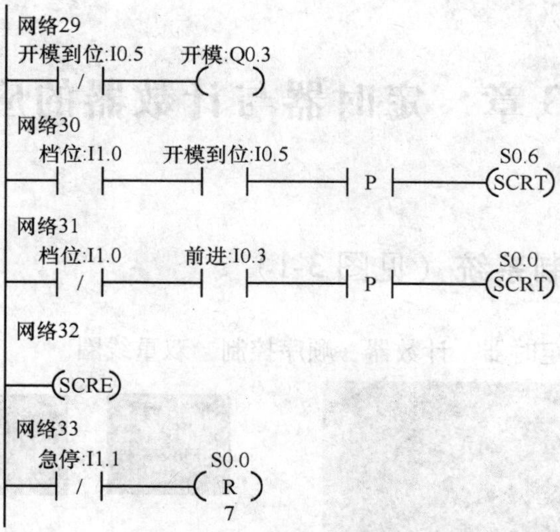

图 2-41　硫化机系统控制程序（续三）

在手动档途中，也可以进行后退操作。比如在合模时，按动后退按钮，便转到开模；同样在入模时，按动后退按钮，便转到出模模；在泄压时，按动后退按钮，便转到加压。

在自动档时，主要给出启动命令，便会按照预先给定的顺序自动完成一个动作周期的所有动作。

当在操作过程中，出现故障，可以拍下急停开关，进入急停状态。

第3章 定时器与计数器的应用

3.1 喷泉自动控制系统（见图3-1）

知识点和关键字：定时器 计数器 顺序控制 双重线圈

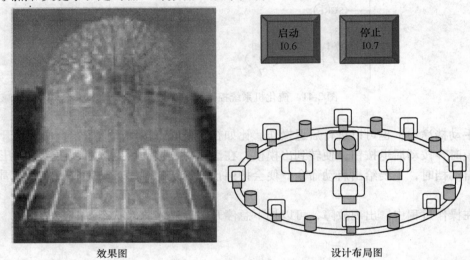

效果图　　　　　　　　　　　　　　设计布局图

图3-1 广场喷泉自动控制系统

1. 控制工艺要求

Q0.2 控制环形彩灯

Q0.3 控制中央区域彩灯

Q0.4 控制环形喷泉阀门

Q0.5 控制中心喷泉阀门

I0.6 启动按钮

I0.7 停止按钮

1）一个动作周期。环形彩灯亮5s→中央区域彩灯亮3s→环形彩灯亮＋环形喷泉喷8s→中央区域彩灯亮＋中心喷泉喷8s→中央区域彩灯亮＋中心喷泉喷＋环形喷泉喷8s，这些是一个动作周期。

2）启动/停止操作。按下启动命令后，执行3次动作周期的控制自动停止。当在中途按下停止命令时会马上停止。

2. 控制程序1（见图3-2）

程序1调试解说：

程序1使用继电器法编程控制，程序中M0.2和M1.2代表环形彩灯Q0.2，M0.3、

M1.3 和 M2.3 代表中心彩灯 Q0.3，M1.4 和 M2.4 代表环形喷泉阀门，M1.5 和 M2.5 代表中心喷泉阀门。

　　一个动作周期的顺序有 5 个定时器分别控制，T37→T38→T39→T40→T41，使用计数器 C0 进行动作周期计数，3 次未到重新开始下一动作周期控制。

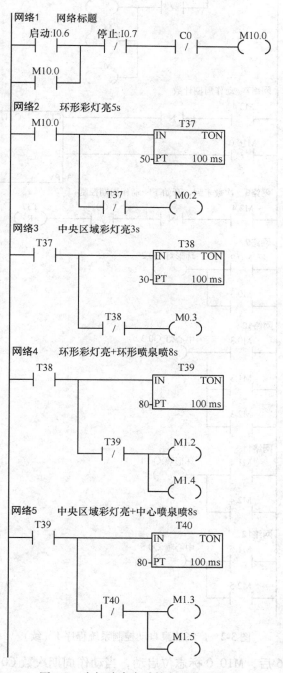

图 3-2　广场喷泉自动控制系统程序 1

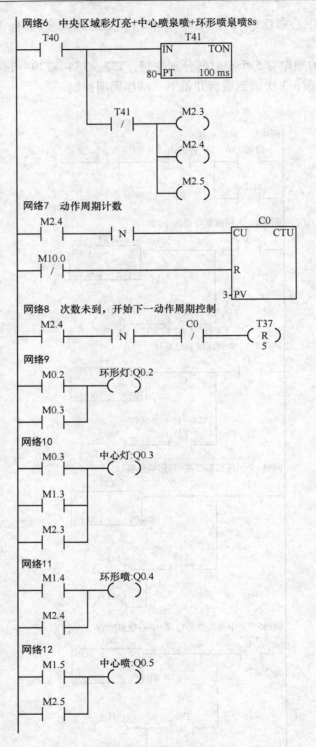

图 3-2　广场喷泉自动控制系统程序 1（续）

　　按下启动按钮 I0.6 后，M10.0 标志位启动，当动作周期次数 C0 到达或者按下停止命令 I0.7，M10.0 复位，停止动作控制。

3. 控制程序 2（见图 3-3）

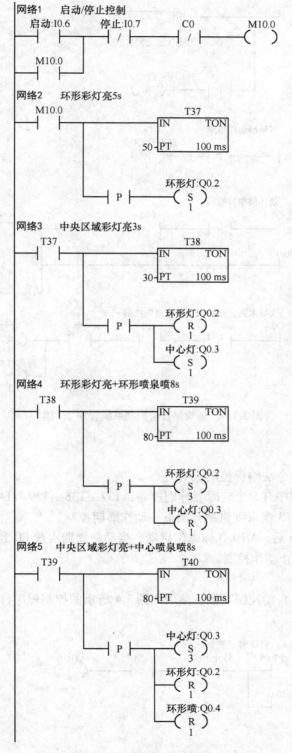

图 3-3　广场喷泉自动控制系统程序 2

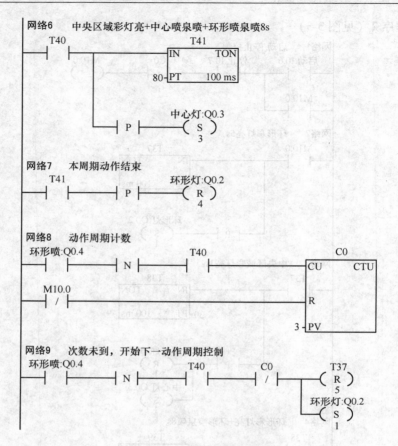

图 3-3　广场喷泉自动控制系统程序 2（续）

程序 2 调试解说：

程序 2 使用发施号令法编程控制。

一个动作周期的顺序有 5 个定时器分别控制，T37→T38→T39→T40→T41，使用计数器 C0 进行动作周期计数，3 次未到重新开始下一动作周期控制。

按下启动按钮 I0.6 后，M10.0 标志位启动，当动作周期次数 C0 到达或者按下停止命令 I0.7，M10.0 复位，停止动作控制。

讨论和思考：

为了实现广场喷泉自动控制功能，使用如图 3-4 所示的控制程序行不行？为什么？

网络1　　启动/停止控制

```
启动:I0.6      停止:I0.7      C0            M10.0
 ┤ ├──┬──────┤/├─────────┤/├───────────( )
       │
M10.0  │
 ┤ ├───┘
```

图 3-4　广场喷泉自动控制系统程序 3

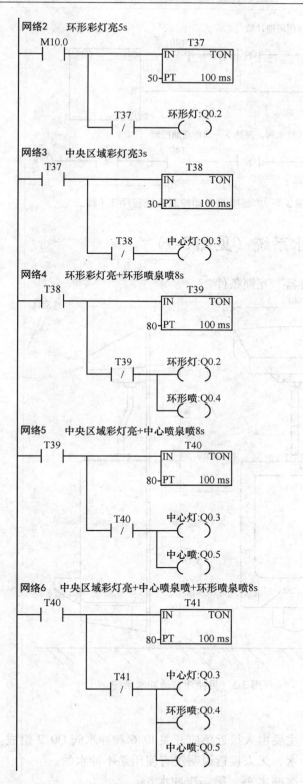

图 3-4 广场喷泉自动控制系统程序 3（续一）

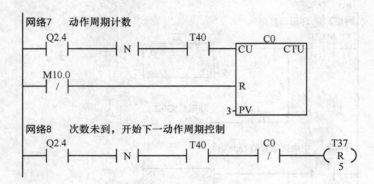

图 3-4　广场喷泉自动控制系统程序 3（续二）

3.2　男便斗自动冲水系统（见图 3-5）

知识点和关键字：定时器　互锁条件

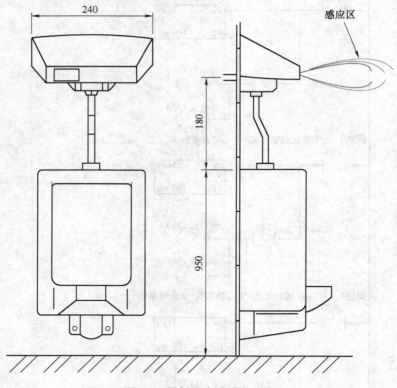

图 3-5　男便斗自动冲水系统

1. 控制工艺要求

男便斗自动冲水系统，主要由人接近感应开关 I0.6 和冲水阀 Q0.2 组成。感应到有人接近便认为使用，使用了才冲水，无人接近说明没有使用是不冲水的。

冲水有两次冲水，第一次冲水 4s，第二次冲水 8s。

对于使用者而言有三种可能的情况：

第一种情况是，感应到有人接近并保持接近状态 3s 后，立即进行第一次冲水；当感应到人离开进行第二次冲水。

第二种情况是，感应到有人接近并保持接近状态 3s 后，立即进行第一次冲水，在第一次冲水过程中，感应到人离开即停止第一次冲水启动第二次冲水。

第三种情况就是，前次第二次冲水还没有完成便感应到有人接近，立即停止冲水，这时尽管检测到有人接近并保持 3s，也不进行第一次冲水；当感应到人离开才会进行第二次冲水。

2. 控制程序（见图 3-6）

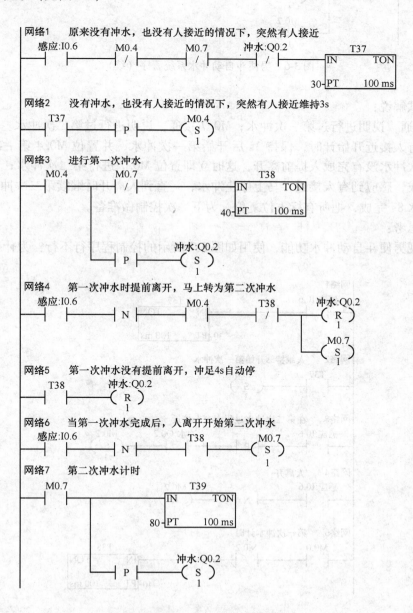

图 3-6　男便斗自动冲水系统程序

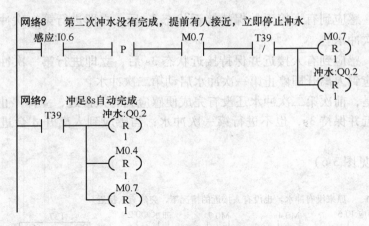

图 3-6 男便斗自动冲水系统程序（续）

程序调试解说：

M0.4 接通，说明进行过第一次冲水；M0.7 接通，说明进行过第二次冲水。

感应到有人接近开始计时，保持 3s 后开始第一次冲水，并置位 M0.4 第一次冲水标志位；当第一次冲水没有完成人提前离开，这时立即置位 M0.7 进行第二次冲水；当第二次冲水还没有完成，感应到有人接近，马上停止冲水，一直到人离开时继续第二次冲水。一直等到第二次冲水 8s 完成，把所有标志位复位，为下一次控制做准备。

讨论和思考：

为了实现男便斗自动冲水功能，使用如图 3-7 所示的控制程序行不行？为什么？

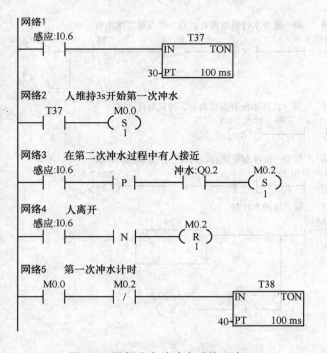

图 3-7 男便斗自动冲水系统程序 3

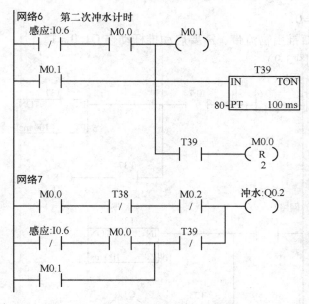

图 3-7　男便斗自动冲水系统程序 3（续）

3.3　生产线上横瓶检测系统（见图 3-8）

知识点与关键字：定时器

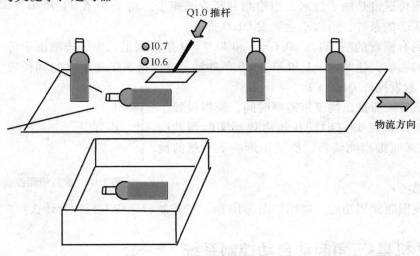

图 3-8　横瓶检测系统

1. 控制工艺要求

在物流带上传送的瓶子，可能在传送过程中由于其他原因会倒下成为横着的瓶，需要把横着的瓶检测出来，并推出物流带。

使用接近开关传感器检测瓶子。当检测到竖着的瓶，传感器状态是 I0.6 = 1 和 I0.7 = 1；如果检测到横着的瓶，则传感器状态是 I0.6 = 1 和 I0.7 = 0；没有检测到瓶子，则传感器状态是 I0.6 = 0 和 I0.7 = 0。

当需要把横着的瓶推出物流带，需要启动推杆动作 Q1.0 = 1。

2. 控制程序 （见图 3-9）

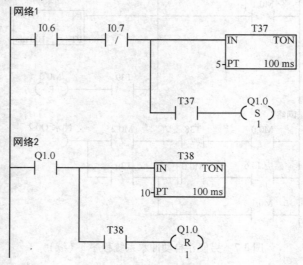

图 3-9　横瓶检测控制程序 1

程序调试解说：

启动物流传送带是瓶子过来，当检测到竖着的瓶子，由于 I0.6 = 1 和 I0.7 = 1，不满足驱动定时器 T37 的条件，所以不会触发 Q1.0 推杆。

当检测到有横着的瓶子时，I0.6 = 1 和 I0.7 = 0 条件满足，为了排除由于传感器灵敏度有差异造成的影响，让 I0.6 = 1 和 I0.7 = 0 条件满足并保持 500ms 后（时间长短由现场实际调试确定），触发推杆 Q1.0 = 1。

推杆把横着的瓶推出物流带需要时间，所以设置了推出动作的时间维持 1s（时间长短由现场实际调试确定），确保把横瓶推出物流带，而又不影响下一瓶的检测。

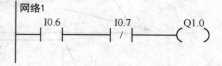

图 3-10　横瓶检测控制程序 2

讨论和思考：

为了完成横瓶检测功能，使用如图 3-10 所示的控制程序行不行？为什么？

3.4　电动机星-三角起动自动控制系统

知识点与关键字：符号寻址　互锁编程　驱动　置位/复位

1. 控制工艺要求

为了降低起动电流，电动机起动时很多时候采用减压起动，其中三相异步电动机采用自身绕组接线特点，可以采用绕组星形联结起动，起动完成后再切换成三角形联结进入运行状态。

停止时，主继电器 Q0.6 = 0，星形继电器 Q0.7 = 0，三角形继电器 Q1.0 = 0。

起动时，主继电器 Q0.6＝1，星形继电器 Q0.7＝1，三角形继电器 Q1.0＝0。

运行时，主继电器 Q0.6＝1，星形继电器 Q0.7＝0，三角形继电器 Q1.0＝1。

起动操作，按动起动按钮 I0.5＝1；切换操作，按动切换按钮 I0.6＝1；停止操作，按动停止按钮 I0.7＝1。

2. 控制程序 1（见图 3-11）

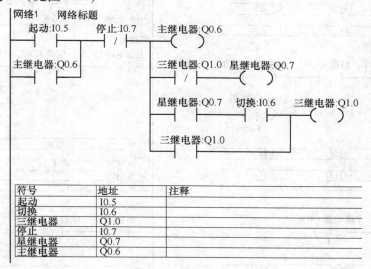

符号	地址	注释
起动	I0.5	
切换	I0.6	
三继电器	Q1.0	
停止	I0.7	
星继电器	Q0.7	
主继电器	Q0.6	

图 3-11　星-三角起动控制程序 1

程序 1 调试解说：

程序中出现有符号，需要在符号表定义，默认设置就会在程序界面出现。

当电动机在停止状态时，按动起动按钮 I0.5＝1，电动机随即星形起动，主继电器 Q0.6＝1 和星形继电器 Q0.7＝1。主继电器 Q0.6 常开触点维持着主继电器导通。

当星形起动完成后，满足切换到运行状态时，按动切换按钮 I0.6＝1，这时会切换到三角形运行状态，主继电器 Q0.6＝1 和三角形继电器 Q1.0＝1。三角形继电器的常开触点维持着三角形继电器导通。

当需要停止控制时，按动停止按钮 I0.7＝1，这时三个输出继电器由于没有电流维持所以均断开。

3. 控制程序 2（见图 3-12）

程序 2 调试解说：

当电动机在停止状态时，按动起动按钮 I0.5＝1，电动机随即星形起动，主继电器 Q0.6＝1 和星形继电器 Q0.7＝1。主继电器 Q0.6 和星形继电器 Q0.7 自保持导通。

当星形起动完成后，满足切换到运行状态时，按动切换按钮 I0.6＝1，这时会切换到三角形运行状态，主继电器 Q0.6＝1 和三角形继电器 Q1.0＝1。三角形继电器自保持导通。

当需要停止控制时，按动停止按钮 I0.7＝1，这时三个输出继电器由于复位命令所以均断开。

讨论和思考：

为了实现星-三角起动控制功能，使用如图 3-13 所示的控制程序行不行？为什么？

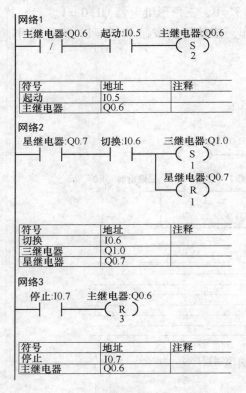

图 3-12　星-三角起动控制程序 2

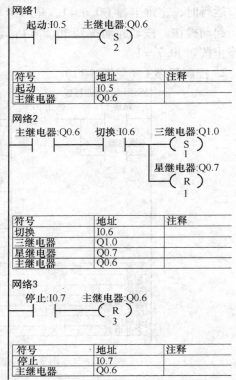

图 3-13　星-三角起动控制程序 3

3.5　两个档位的机械手控制系统（见图 3-14）

知识点与关键字：两个档位程序　跳转　步进阶梯指令　定时器　双重线圈

1. 控制工艺要求

使用机械手把 A 地的物品续个搬移到 B 地，操作模式有两种，手动档控制 I0.6 = 0，自动档控制 I0.6 = 1。

在手动档中，可以不按照动作顺序，随时可以进行反复单个动作操作，比如反复上/下操作，或者反复左/右操作，或者抓物品/释放物品操作。

在自动档中的启动操作。如果机械手是在原点位置，点击启动按钮可以启动机械手，这时机械手会续个完成下降，下降到位后抓物品，抓稳后自动上升，上升到位后右移，右移到位后下降，下降到位后释放物品，释放稳妥后自动返回开始上升，上升到位后左移左移到位后自动停下，等待下一次的启动操作。

在自动档中的启动操作。当机械手在运行中，按下停止按钮，机械手进入暂停状态，当再次按下停止按钮机械手取消暂停回复原先的动作继续运行。

在手动档只有手动命令有效，自动命令无效；同样在自动档，只有自动命令有效，手动命令无效。

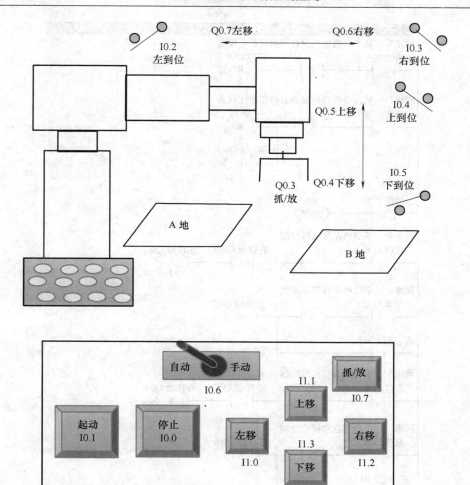

图 3-14　机械手控制系统

2. 控制程序 1（见图 3-15）

程序 1 调试解说：

首选进行档位模式选择，把开关转换到手动位置时，允许手动操作；当转换到自动档位置时，允许自动操作。每当改变档位位置时，原来程序的输出状态会自动复位。

程序中档位切换使用跳转指令完成。当选择自动档时，程序会选择标号为 10 的程序执行，标号为 10 的程序刚好就是自动档的程序；当选择手动档时，程序开始不跳走，顺着从上到下顺序执行，当执行完手动程序时，跳转到标号为 11 处，标号 11 刚好是放置在自动档程序的后面，这样手动档时就不会执行自动档的程序。

1）手动档操作：

当按下左移命令按钮时，会左移动作，左移到位或者松开左移按钮往左移动马上停止。

当按下右移命令按钮时，会右移动作，右移到位或者松开右移按钮往右移动马上停止。

当按下下移命令按钮时，会下移动作，下移到位或者松开下移按钮往下移动马上停止。

当按下上移命令按钮时，会上移动作，上移到位或者松开上移按钮往上移动马上停止。

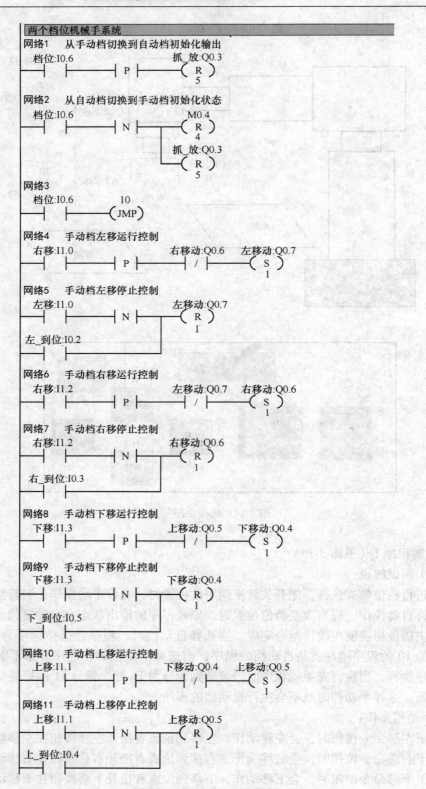

图 3-15　机械手控制程序 1

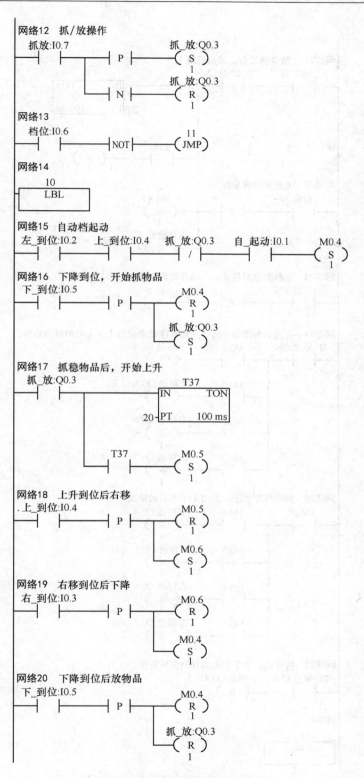

图 3-15　机械手控制程序 1（续一）

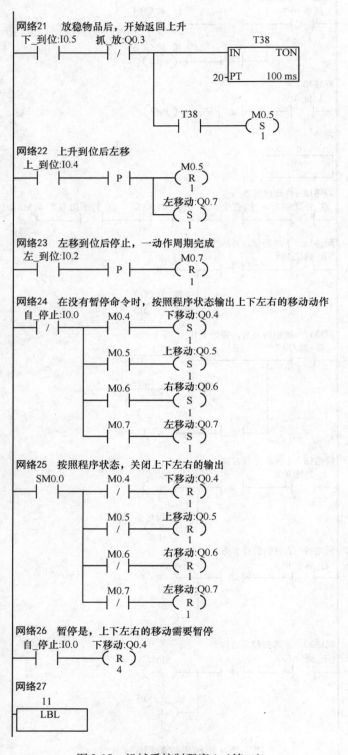

图 3-15 机械手控制程序 1（续二）

当按下抓/放按钮时，会做抓物品动作；当释放抓/放按钮时，会释放物品。

2）自动档操作：

原点：要能顺利启动自动档，需要的前提条件是在原点开始，原点特征是左到位开关接通，上到位开关接通，同时机械手上没有抓着物品，是空手状态，满足这三个条件成为原点条件满足。

启动操作：当机械手在原点条件下，按动启动命令按钮，机械手就会开始下降，下降到位后立即抓物品，抓物品稳当后（2s可以稳当抓好）马上抓着物品上移，上移到位后右移，右移到位后马上下降，下降到位后开始释放物品，物品放稳后（2s时间可以稳妥放好）开始空手上升，上升到位后左移，左移到位就停止动作，等待下次启动命令。

暂停操作：当自动档正在自动执行上下左右移动时，按下暂停按钮，上下左右移动动作马上停止，当松开暂停按钮时，马上回复暂停前的动作。

3. 控制程序 2（见图 3-16）

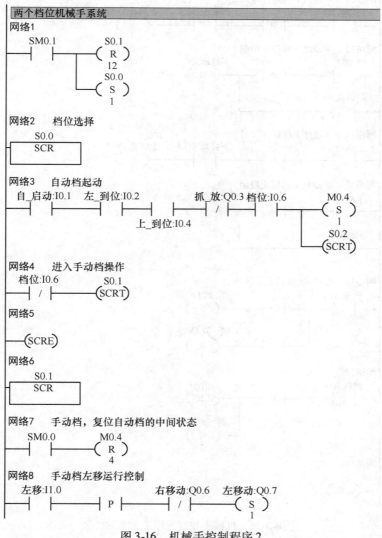

图 3-16　机械手控制程序 2

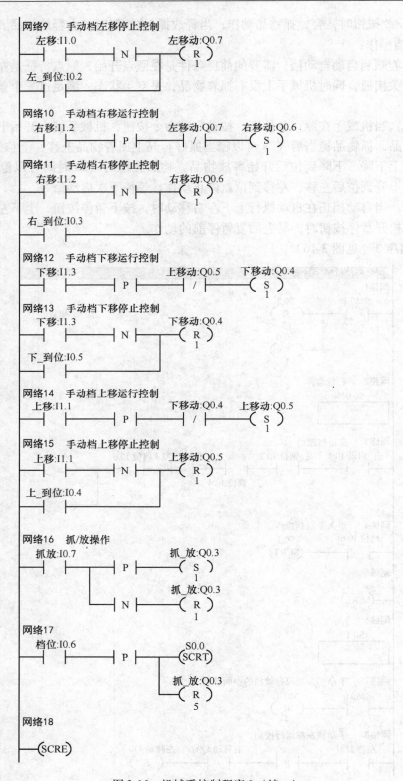

图 3-16　机械手控制程序 2（续一）

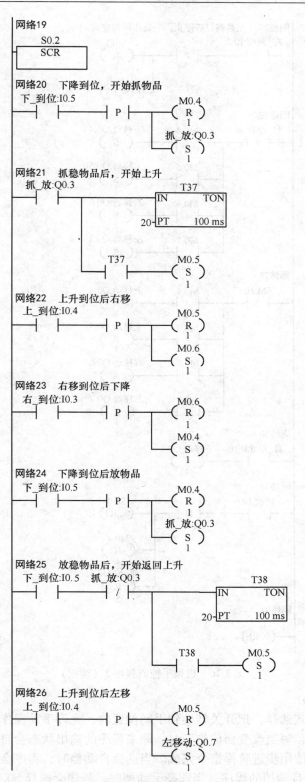

图 3-16　机械手控制程序 2（续二）

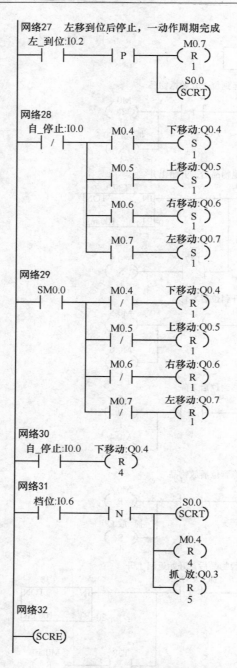

图 3-16　机械手控制程序 2（续三）

程序 2 调试解说：

　　首选进行档位模式选择，把开关转换到手动位置时，允许手动操作；当转换到自动档位置时，允许自动操作。每当改变档位位置时，原来程序的输出状态会自动复位。

　　程序中档位切换使用步进阶梯指令完成。当选择自动档时，程序会选择 S0.2 程序执行，S0.2 的程序刚好就是自动档的程序；当选择手动档时，程序会选择 S0.1 程序执行，S2 的程序刚好就是自动档的程序。

其他操作基本与程序 1 的相同。

讨论和思考：

为了实现两个档位机械手控制功能，使用如图 3-17 所示的控制程序行不行？为什么？

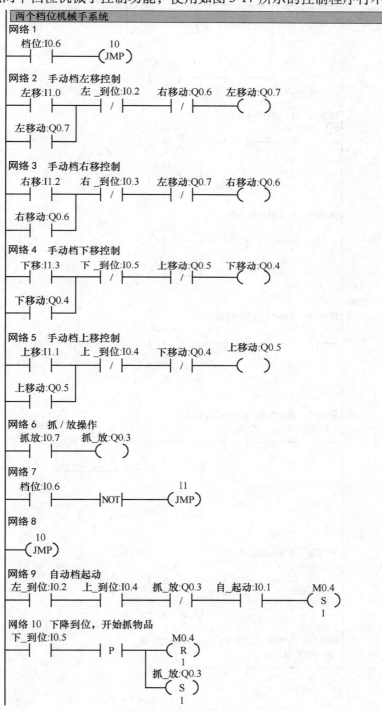

图 3-17　机械手控制程序 3

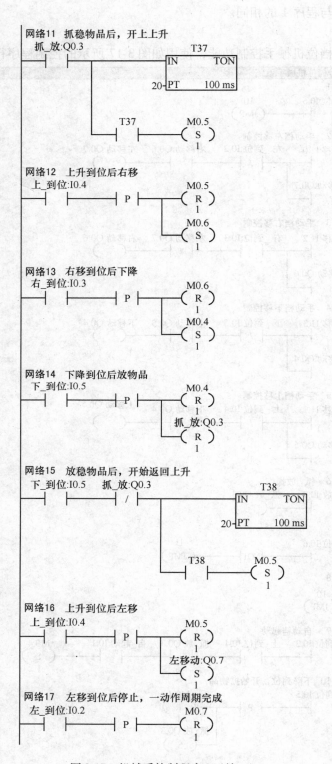

图 3-17　机械手控制程序 3（续一）

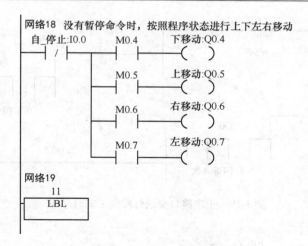

图 3-17 机械手控制程序 3（续二）

3.6 红绿灯顺序控制系统

知识点和关键字：时序图 流程图 定时器 计数器 步进阶梯指令 步进的分支与组合
十字路口交通灯自动控制系统（见图 3-18 ～图 3-20）。

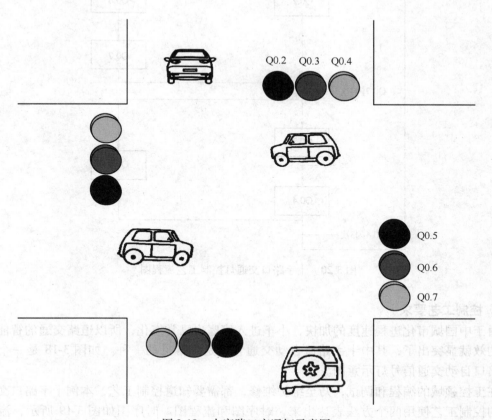

图 3-18 十字路口交通灯示意图

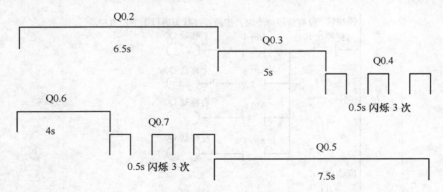

图 3-19　十字路口交通灯控制工艺时序图

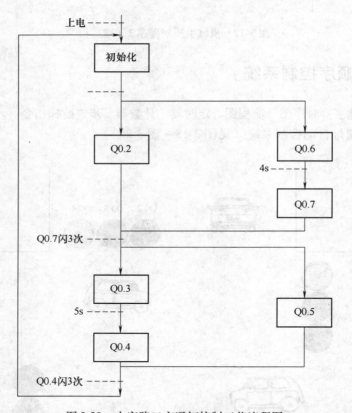

图 3-20　十字路口交通灯控制工艺流程图

1. 控制工艺要求

由于中国城市化进程速度的加快，小车进入家庭也已常态化，所以道路交通的智能化管理的功效就显突出了，其中十字路口自动交通管理是最常见的一种。如图 3-18 是一个标准十字路口自动交通信号灯示意图。

在工控领域的编程和调试，乃至维护维修，都需要知道控制工艺，本例十字路口交通信号灯的控制工艺使用两个方法表达出来，时序图和流程图。时序图如图 3-19 所示，流程图如图 3-20 所示。

在图 3-19 的时序图中可以看出，当该路口是红灯时，另外一个路口是通行时间，绿灯亮和黄灯闪亮；当另外一个路口转红灯时，该路口成为通行时间，绿灯亮和黄灯闪亮。

2. 控制程序 1（见图 3-21）

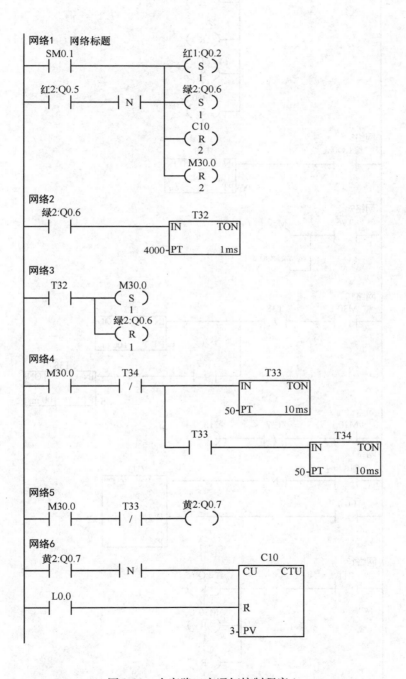

图 3-21　十字路口交通灯控制程序 1

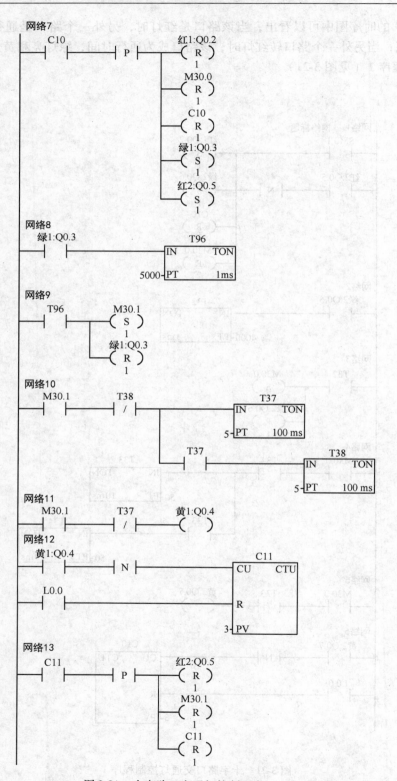

图 3-21　十字路口交通灯控制程序 1（续）

程序 1 调试解说:

程序 1 使用了一般指令实现顺序控制逻辑编程。开机 Q0.2 = 1 和 Q0.6 = 1 亮 4s 后, M30.0 = 1, M30.0 = 1 状态代表着 Q0.7 闪烁的时间, 当 Q0.7 闪烁三次后, 路口开始转灯, 这时 Q0.5 = 1 和 Q0.3 = 1 亮 5s 后, M30.1 = 1, M30.1 = 1 状态代表着 Q0.4 闪烁的时间, 当 Q0.4 闪烁三次后, 路口开始转灯, 开始下一亮灯周期动作控制。

3. 控制程序 2（见图 3-22）

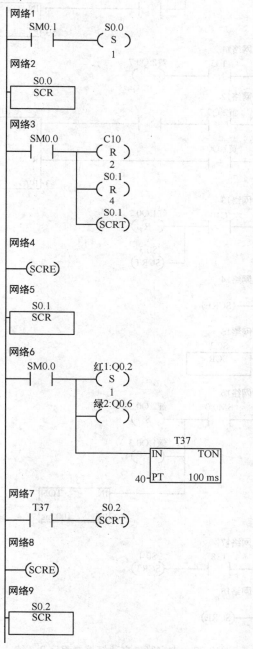

图 3-22 十字路口交通灯控制程序 2

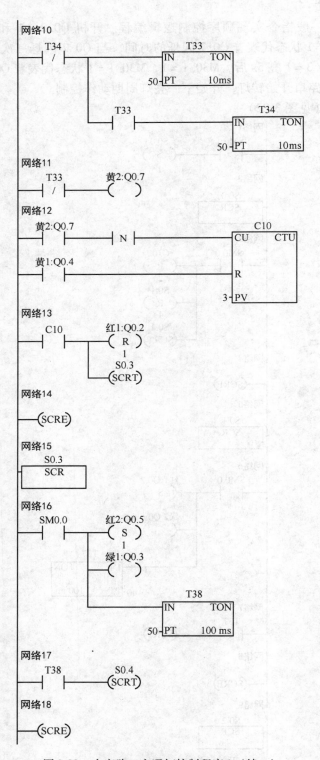

图 3-22　十字路口交通灯控制程序 2（续一）

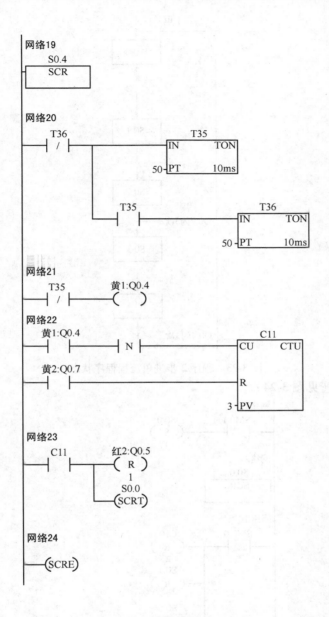

图 3-22　十字路口交通灯控制程序 2（续二）

程序 2 调试解说：

程序 2 使用了步进阶梯指令单流程实现顺序控制逻辑编程，如图 3-23 所示。开机状态步 S0.0 激活，初始化参数后，转移到 S0.1 激活，在 S0.1 激活期间 Q0.2 = 1 和 Q0.6 = 1，并计时 4s 到达后转移到 S0.2 激活，在 S0.2 激活期间 Q0.7 闪烁，同时计算 Q0.7 闪烁三次后，路口开始转灯转移到 S0.3 激活，在 S0.3 激活期间 Q0.5 = 1 和 Q0.3 = 1，并计时 5s 到达后转移到 S0.4 激活，在 S0.4 激活期间 Q0.4 闪烁，同时计算 Q0.4 闪烁三次后，路口开始转灯，开始下一亮灯周期控制。

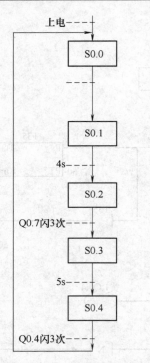

图 3-23　程序 2 步进单流程程序状态

4. 控制程序 3（见图 3-24）

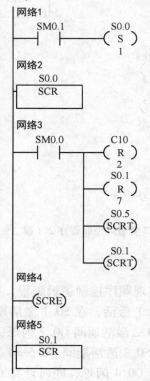

图 3-24　十字路口交通灯控制程序 3

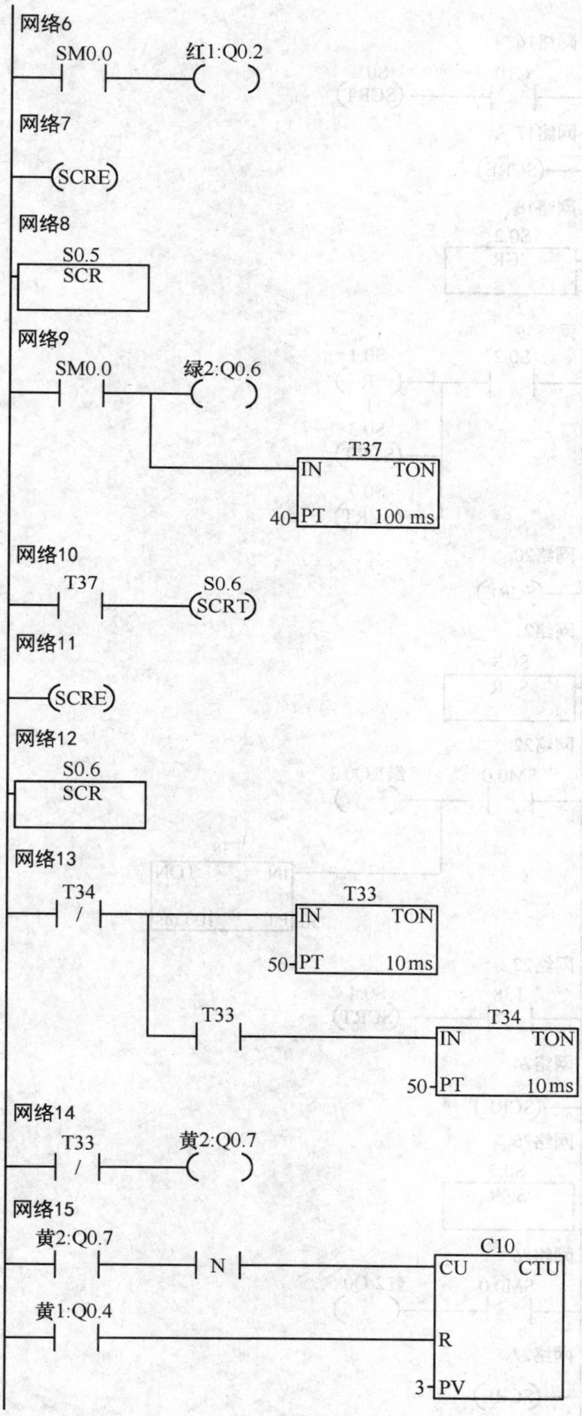

图 3-24　十字路口交通灯控制程序 3（续一）

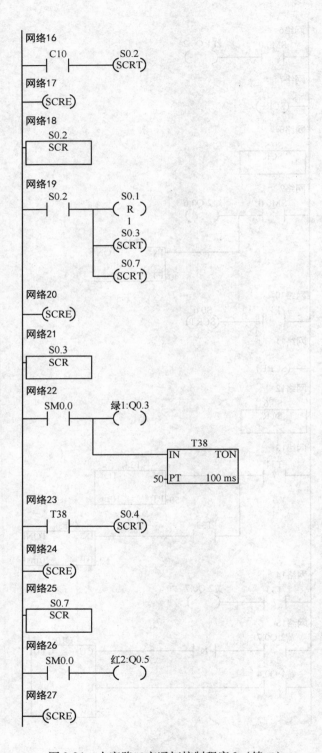

图 3-24　十字路口交通灯控制程序 3（续二）

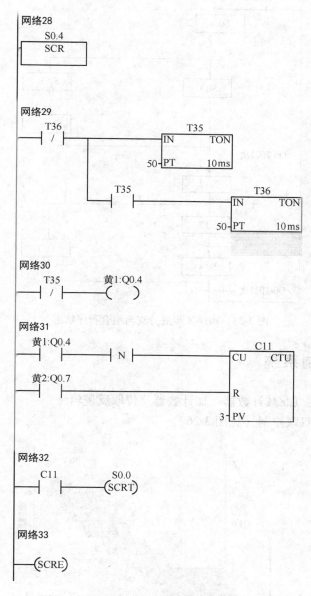

图 3-24 十字路口交通灯控制程序 3（续三）

程序 3 调试解说：

程序 3 使用了步进阶梯指令分支与组合多流程实现顺序控制逻辑编程，如图 3-25 所示。开机状态步 S0.0 激活，初始化参数后，转移到 S0.1 和 S0.5 同时激活，在 S0.5 激活期间 Q0.6 = 1，并计时 4s 到达后转移到 S0.6 激活，在 S0.6 激活期间 Q0.7 闪烁，同时计算 Q0.7 闪烁三次后，程序状态转移到 S0.2 激活，路口开始转灯转移到 S0.3 和 S0.7 激活，在 S0.3 激活期间 Q0.3 = 1，并计时 5s 到达后转移到 S0.4 激活，在 S0.4 激活期间 Q0.4 闪烁，同时计算 Q0.4 闪烁三次后，开始下一亮灯周期控制。

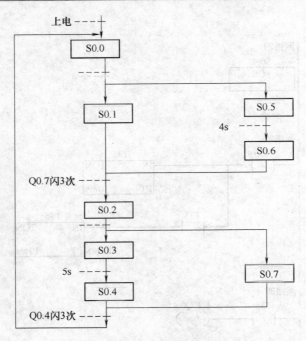

图 3-25   程序 3 步进分支与组合程序状态

3.7   楼梯灯控制系统

知识点和关键字：加/减计数器   加计数器   位取反逻辑

生活中楼梯灯的双联控制（见图 3-26）。

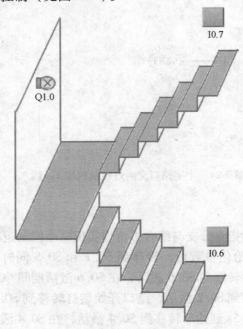

图 3-26   楼梯灯控制

1. 控制工艺要求

生活中楼梯灯 Q1.0，下层有开关 I0.6，上层有开关 I0.7，两个开关同时控制一个灯。具体要求是，当灯在熄灭状态下随便按动一个开关都会亮起来；当灯在亮着状态下随便按动一个开关，其都要熄灭。

2. 控制程序 1（见图 3-27）

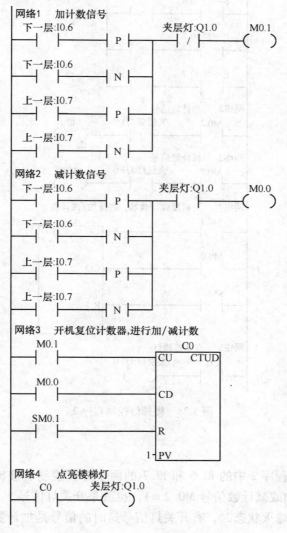

图 3-27　楼梯灯控制程序 1

程序 1 调试解说：

1）亮灯。程序 1 中的 I0.6 和 I0.7 的两个开关控制着楼梯灯，当灯在熄灭状态时随便改变一个按钮的状态，便会发出加计数信号 M0.1＝1，也是亮灯信号。

2）灭灯。程序 1 中的 I0.6 和 I0.7 的两个开关，当灯在亮着状态时随便改变一个按钮的状态，便会发出减计数信号 M0.0＝1，也是灭灯信号。

避免计数器进入了其他状态，每次开机复位计数器。保证计数器只有"0"和"1"两种状态，"1"状态时点亮灯，"0"状态时熄灭灯。

3. 控制程序 2（见图 3-28）

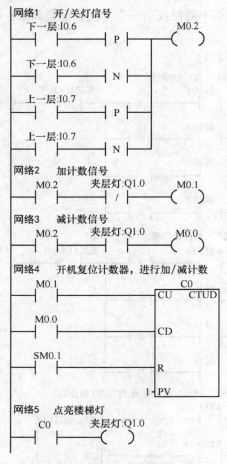

图 3-28　楼梯灯控制程序 2

程序 2 调试解说：

1）开关灯信号。程序 2 中的 I0.6 和 I0.7 的两个开关控制着楼梯灯，随便改变一个按钮的状态，便会发出加或减计数信号 M0.2 = 1，也就是开关灯信号。

2）亮灯。当灯在熄灭状态时，有开关灯信号这时的信号是加计数信号 M0.1 = 1，也是亮灯信号。

3）灭灯。当灯在亮着状态时，有开关灯信号这时的信号是减计数信号 M0.0 = 1，也是灭灯信号。

避免计数器进入了其他状态，每次开机复位计数器。保证计数器只有"0"和"1"两种状态，"1"状态时点亮灯，"0"状态时熄灭灯。

4. 控制程序 3（见图 3-29）

程序 3 调试解说：

开关灯信号。程序 3 中的 I0.6 和 I0.7 的两个开关控制着楼梯灯，随便改变一个按钮的状态，便会发出开关灯信号 M0.2 = 1。

程序中 C0 有两种稳定状态，就是"0"和"1"，C0 = 1 是点亮灯，当 C0 = 0 时关灯。

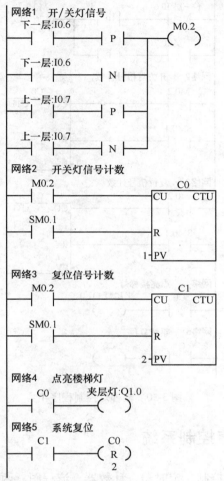

网络1 开/关灯信号

网络2 开关灯信号计数

网络3 复位信号计数

网络4 点亮楼梯灯

网络5 系统复位

图 3-29 楼梯灯控制程序 3

C1 是辅助计数器，其可能的状态有"0"、"1"和"2"，C1 = 2 是短暂的过渡信号，当 C1 = 2 是复位 C0 和 C1。

避免两个计数器进入了其他状态，每次开机复位计数器。保证计数器 C0 只有"0"和"1"两种状态，"1"状态时点亮灯，"0"状态时熄灭灯。

5. 控制程序 4（见图 3-30）

程序 4 调试解说：

程序 4 中的 I0.6 和 I0.7 的两个按钮，随便按动一个按钮便会发出开关灯信号 M0.2 = 1。

程序中 C0 有两种稳定状态，就是"0"和"1"，C0 = 1 是点亮灯，当 C0 = 0 时关灯。

C1 是辅助计数器，其可能的状态有"0"、"1"和"2"，C1 = 2 是短暂的过渡信号，当 C1 = 2 是复位 C0 和 C1。

避免两个计数器进入了其他状态，每次开机复位计数器。保证计数器 C0 只有"0"和

"1" 两种状态，"1" 状态时点亮灯，"0" 状态时熄灭灯。

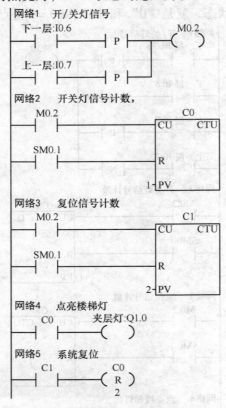

图 3-30　楼梯灯控制程序 4

3.8　四台电动机顺序控制系统

知识点和关键字：顺序控制　定时器　计数器　流程图　两个档位程序　步进阶梯指令

四台电动机的顺序编号如图 3-31 所示。

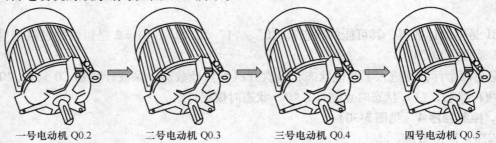

一号电动机 Q0.2　　二号电动机 Q0.3　　三号电动机 Q0.4　　四号电动机 Q0.5

图 3-31　四台电动机的编号

1. 控制工艺 1 要求

有两个档位，手动档和自动档。

手动时，四台电动机可以随意控制，没有顺序性。

自动档时，给出起动命令后，首先一号电动机起动延时 10s 后，自动起动二号电动机，当二号电动机起动 10s 后起动三号电动机，当三号电动机起动 10s 后起动四号电动机，四号电动机起动 10s 后全部暂停，暂停时间 5s 后重复上一个动作周期，这样计算三个动作周期后自动停止。控制工艺流程图如图 3-32 所示。

急停控制。当需要紧急停止时，按动急停开关即可关闭所有输出。

控制工艺 1 的控制面板如图 3-33 所示。

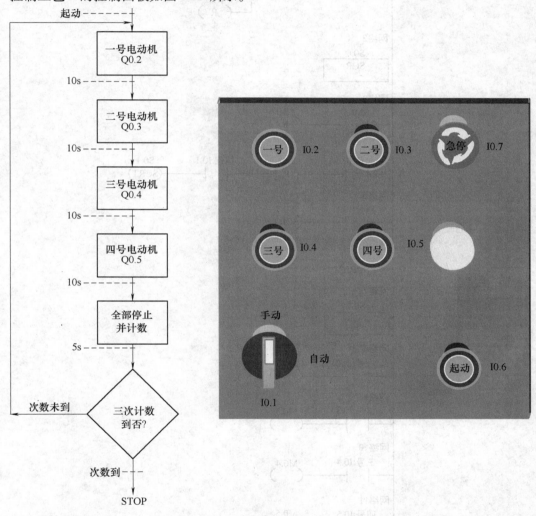

图 3-32　四台电动机工艺 1 自动档流程图　　　　图 3-33　四台电动机工艺 1 控制面板

2. 工艺 1 控制程序（见图 3-34）

工艺 1 程序调试解说：

四台电动机顺序控制工艺 1 程序有三种操作模式：手动、自动和急停。

1）手动模式。把急停按钮松开复位，把档位开关切换到手动档，这时按动一号按钮一号电动机会起动，松开一号按钮一号电动机会停止，实现一号按钮点动控制一号电动机的操作；同样也可以分别实现二号按钮、三号按钮和四号按钮点动控制二号电动机、三号电动机和四号电动机操作。这些操作不分前后顺序关系，随意操作。

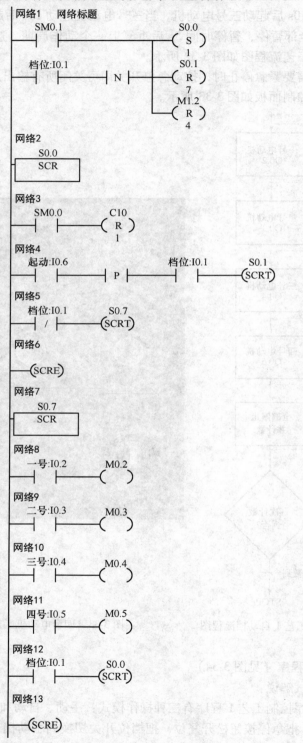

图 3-34　四台电动机工艺 1 控制程序

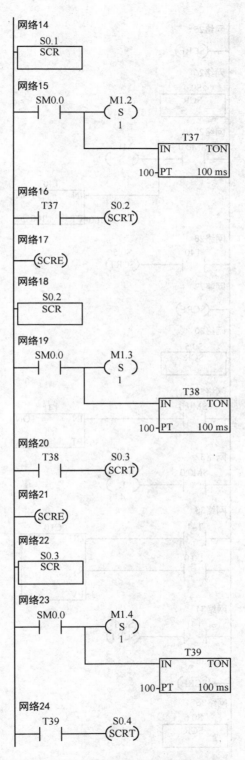

图 3-34　四台电动机工艺 1 控制程序（续一）

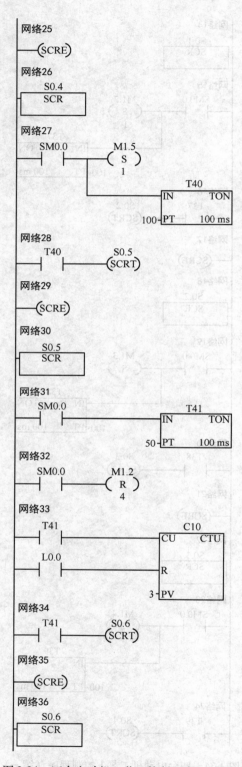

图 3-34　四台电动机工艺 1 控制程序（续二）

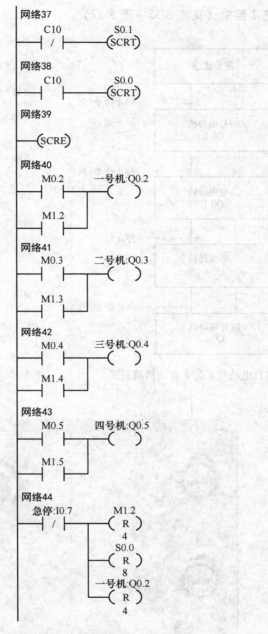

图 3-34　四台电动机工艺 1 控制程序（续三）

2）自动模式。把急停按钮松开复位，把档位开关切换到自动档，这时按动起动按钮，四台电动机会按照如图 3-32 所以的顺序动作，一直到完成三次动作周期后自动停止。再次按动起动按钮，将会重复自动动作操作。

3）急停操作。在任何时候，需要急停时，拍下急停按钮，系统即进入急停状态，所有输出禁止。

3. 控制工艺 2 要求（见图 3-35 ~ 图 3-37）

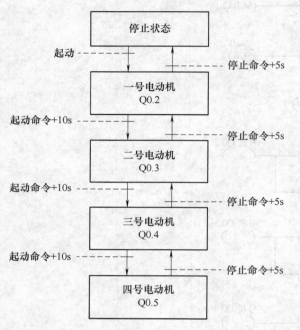

图 3-35　四台电动机工艺 2 自动档流程图

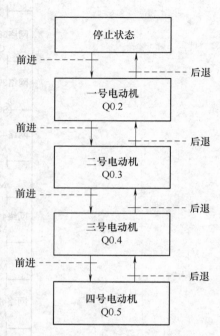

图 3-36　四台电动机工艺 2 手动档流程图

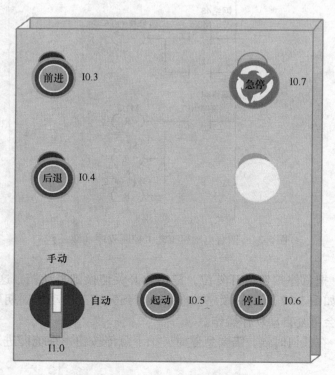

图 3-37　四台电动机工艺 2 控制面板

4. 控制程序2（见图3-38）

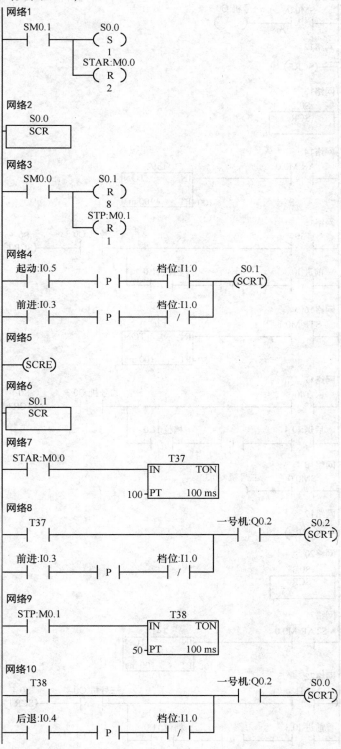

图 3-38　四台电动机工艺 2 控制程序

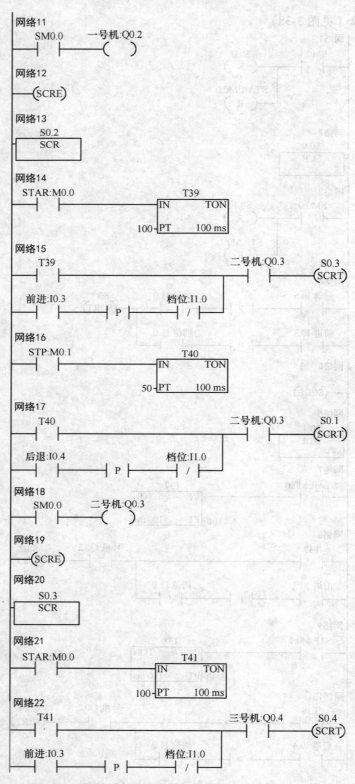

图 3-38　四台电动机工艺 2 控制程序（续一）

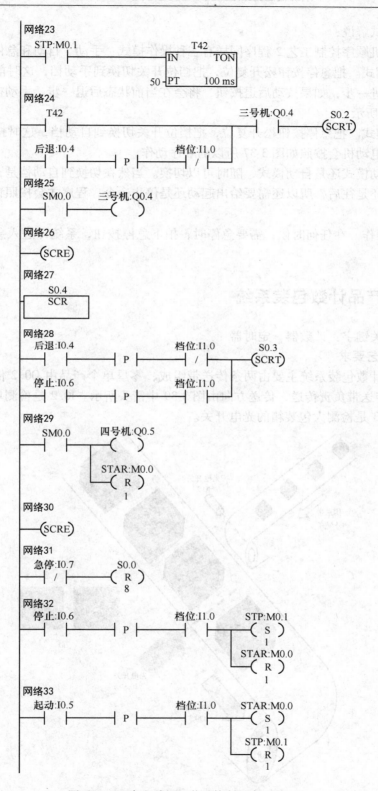

图 3-38 四台电动机工艺 2 控制程序（续二）

程序 2 调试解说：

四台电动机顺序控制工艺 2 程序同样有三种操作模式：手动、自动和急停。

1）手动模式。把急停按钮松开复位，把档位开关切换到手动档，这时前进按钮，将会在当前状态前进一步；如果按动后退按钮，将会在当前状态后退一步。手动操作动作顺序流程图如图 3-36 所示。

2）自动模式。把急停按钮松开复位，把档位开关切换到自动档，这时按动起动或者停止按钮，四台电动机会按照如图 3-37 所以的顺序动作。

不管是手动模式还是自动模式，随时可以切换。当然在切换到自动档是，由于程序不知道自动是往前还是往后，所以还需要给出起动还是停止命令，程序才会按照预设的自动流程控制。

3）急停操作。在任何时候，需要急停时，拍下急停按钮，系统即进入急停状态，所有输出禁止。

3.9　大件产品计数包装系统

知识点和关键字：计数器　定时器

1. 控制工艺要求

大件产品计数包装系统主要由两条传送带组成，零星单个产品由 Q0.2 传送带传来，大包装由 Q0.3 传送带负责传送，传送方向由图 3-39 中箭头所示。I0.2 是检测单个产品数量的光电开关，I0.3 是检测大包装箱的光电开关。

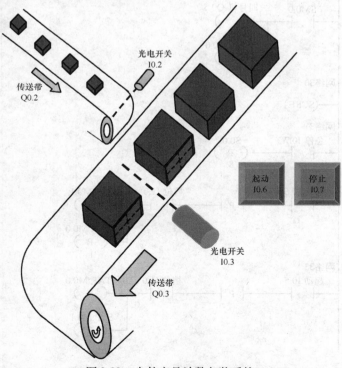

图 3-39　大件产品计数包装系统

当 I0.3 检测到有大包装箱到位，立即发出传送带 Q0.3 停止指令，等到大箱装满 12 个产品时，再起动传送带传输空的大包装箱来，一直传送到位即停止传送。

当检测到有空箱到位后，起动 Q0.2 产品传送带，I0.2 光电开关检测产品，每当检测到有 12 个产品落下大包装箱后，即停止产品传送。当检测到有空箱到位后，再开始下一轮产品检测。

整个系统由起动 I0.6 和停止 I0.7 命令控制，起动后即开始大包装箱传送带传输。停止后，所有动作停止。

2. 控制程序（见图 3-40）

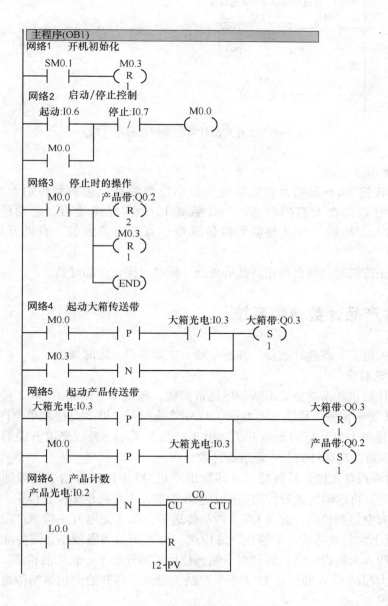

图 3-40　大件产品计数包装控制程序

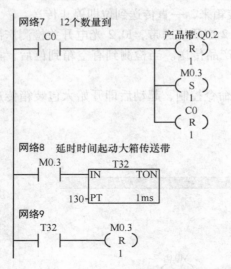

图 3-40　大件产品计数包装控制程序（续）

程序调试解说：

按动起动按钮 I0.6 起动大包装箱传送，当检测到有包装箱到位后，自动起动产品传送带，同时计数落在大箱的产品。当计数到 12 个产品流过后，起动停止产品传送，等产品完全落入大箱后，自动起动大箱传送带一直到空箱到位，自动开始下一箱产品计数和传输。

当按动停止按钮时，将会停止产品的传送，同时也停止产品计数。

3.10　小件产品计数包装系统

知识点和关键字：高速计数器　高速中断　立即输出　定时器

1. 控制工艺要求

小件产品计数包装系统主要由两条传送带组成，零星单个产品由 Q0.2 传送带传来，大包装由 Q0.3 传送带传输，传送方向如图 3-41 中箭头所示。I0.3 是检测单个产品数量的光电开关，I0.4 是检测大包装箱的光电开关。由于产品个子小，经过光电开关时间很短暂，只有 0.2ms，所以需要高速计数器才能准确计数。

当 I0.4 检测到有大包装箱到位，立即发出停止 Q0.3 传送带指令，等到大箱装满产品（96 个为满）时，再起动传送带传输空的大包装箱来，一直到位即停止传输。

当检测到有空箱到位后，起动 Q0.2 产品传送带，I0.3 光电开关检测产品，每当检测到有 96 个产品落下大包装箱后，即停止产品传送，由于产品间隔较小，需要立即停止才能保证产品不会误闯入大箱内。当检测到有空箱到位后，再开始下一轮产品检测。

整个系统由起动 I0.6 和停止 I0.7 命令控制，起动后即开始大包装箱传送到传输。停止后，所有动作停止。

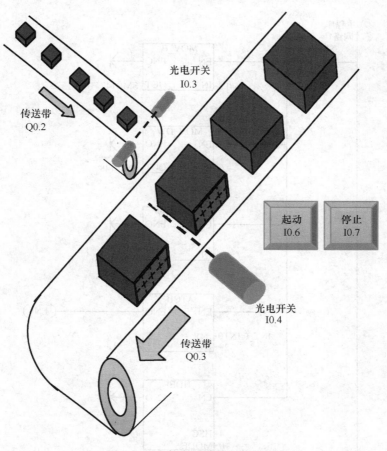

图 3-41 小件产品计数包装系统

2. 控制程序（见图 3-42）

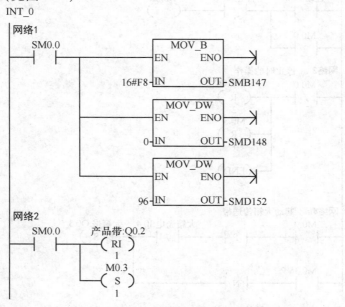

图 3-42 小件产品计数包装系统控制程序

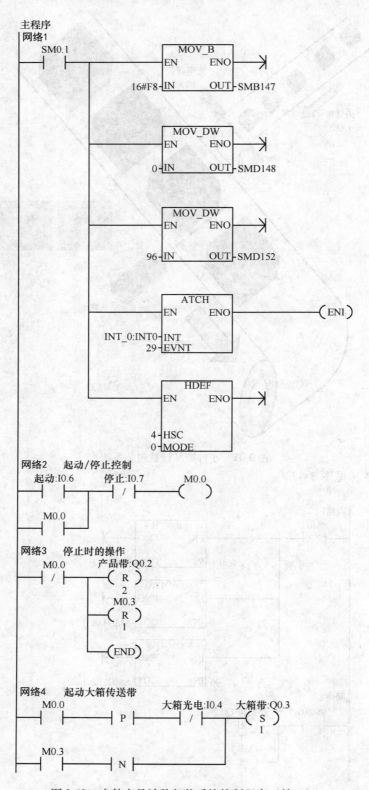

图 3-42 小件产品计数包装系统控制程序（续一）

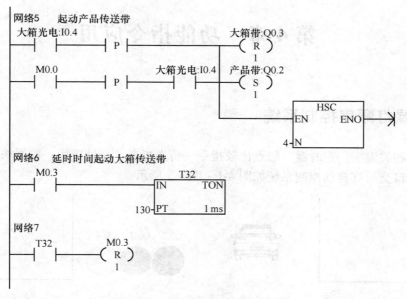

图 3-42　小件产品计数包装系统控制程序（续二）

程序调试解说：

程序由中断程序 INT＿0 和主程序组成。每当产品计数到了 96 时，执行中断程序。

按动起动按钮 I0.6 起动大包装箱传送，当检测到有包装箱到位后，自动起动产品传送带，同时计数落在大箱的产品。当计数到 96 个产品流过后，立即停止产品传送，等产品完全落入大箱后，自动起动大箱传送带一直到空箱到位，自动开始下一箱产品计数和传输。

当按动停止按钮时，将会停止产品的传送，同时也停止产品计数。

第4章 功能指令应用

4.1 红绿灯顺序控制系统

知识点和关键字：定时器 触点比较指令 传送指令 变址应用 数据块

十字路口交通灯自动控制系统如图 4-1～图 4-3 所示。

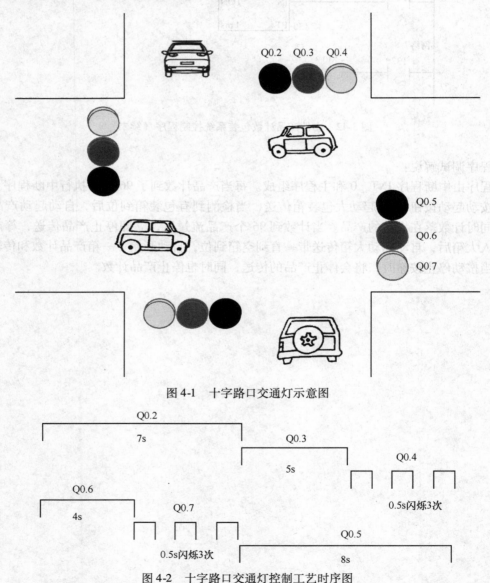

图 4-1 十字路口交通灯示意图

图 4-2 十字路口交通灯控制工艺时序图

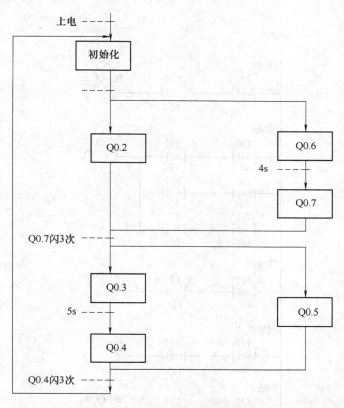

图4-3　十字路口交通灯控制工艺流程图

1. 控制工艺要求

由于中国城市化进程速度的加快，小车进入家庭也已常态化，所以道路交通的智能化管理的功效就显突出了，其中十字路口自动交通管理是最常见的一种。图4-1是一个标准十字路口自动交通信号灯示意图。

在工控领域的编程和调试，乃至维护维修，都需要知道控制工艺，本例十字路口交通信号灯的控制工艺使用两个方法表达出来，时序图和流程图。时序图如图4-2所示，流程图如图4-3所示。

在图4-2的时序图中可以看出，当该路口是红灯时，另外一个路口是通行时间，绿灯亮和黄灯闪亮；当另外一个路口转红灯时，该路口成为通行时间，绿灯亮和黄灯闪亮。

2. 控制程序 1（见图4-4）

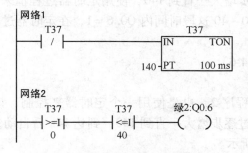

图4-4　十字路口交通灯控制程序 1

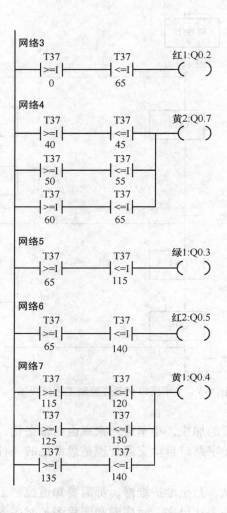

图 4-4 十字路口交通灯控制程序 1（续）

程序 1 调试解说：

十字路口交通灯控制程序 1，使用了一个定时器来控制，该定时器在一个动作周期内，从 0 开始随着时间经过逐步增大一直到 140，使用定时器过程值来控制红绿灯，如图 4-5 所示。比如定时器过程值在 0～40 这段时间内 Q0.6 = 1，在定时器过程值在 0～65 这段时间内 Q0.2 = 1。其他依此类推。

3. 控制程序 2（见图 4-6）

程序 2 调试解说：

十字路口交通灯控制程序 2，也是使用一个定时器来控制，该定时器在一个动作周期内，从 0 开始随着时间经过逐步增大一直到 140，到达 14s 后自动复位，使用定时器过程值来控制红绿灯，如图 4-5 所示。

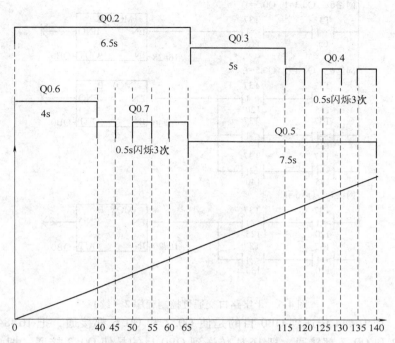

图 4-5 十字路口交通灯控制程序 1 解读图

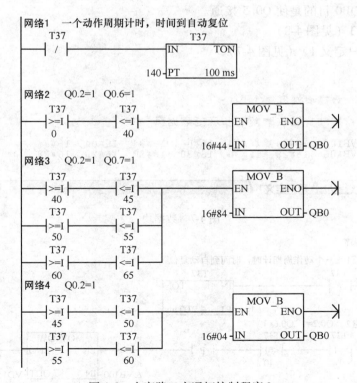

图 4-6 十字路口交通灯控制程序 2

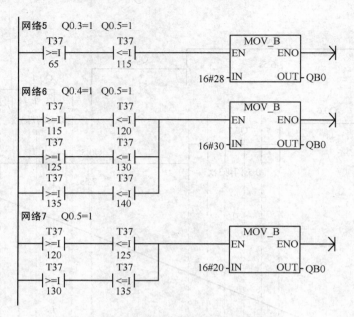

图 4-6　十字路口交通灯控制程序 2（续）

程序中 2，把 16#44 传送到 QB0 目的是使 Q0.2 和 Q0.6 都接通，把 16#84 传送到 QB0 目的是使 Q0.2 和 Q0.7 都接通，把 16#4 传送到 QB0 目的是使 Q0.2 接通，把 16#28 传送到 QB0 目的是使 Q0.5 和 Q0.3 都接通，把 16#30 传送到 QB0 目的是使 Q0.5 和 Q0.4 都接通，把 16#20 传送到 QB0 目的是使 Q0.5 接通。

4. 控制程序 3（见图 4-8）

数据块（用户定义 1）（见图 4-7）

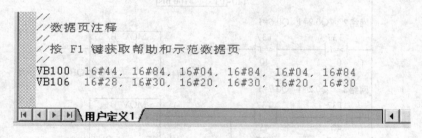

图 4-7　数据块

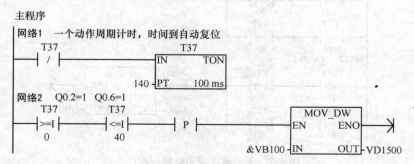

图 4-8　十字路口交通灯控制程序 3

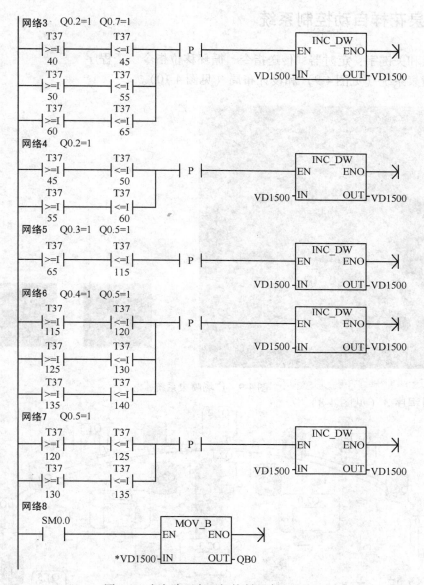

图 4-8　十字路口交通灯控制程序 3（续）

程序 3 调试解说：

十字路口交通灯控制程序 3，也是使用一个定时器来控制，该定时器在一个动作周期内，从 0 开始随着时间经过逐步增大一直到 140，到达 14s 后自动复位，使用定时器过程值来控制红绿灯，如图 4-5 所示。

红绿灯的亮灯顺序数据分别装在 VB100 至 VB111 中，如图 4-7 的数据块所示。

图 4-8 中使用变址的方式，分别在相应的时间里把 VB100 至 VB111 的数据传送到 QB0，这样 QB0 就会按照预先计划的次序亮灯。

4.2　喷泉花样自动控制系统

知识点和关键字：定时器　传送指令　循环移位指令　子程序

广场喷泉系统（见图 4-9）和设计布局（见图 4-10）。

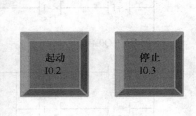

图 4-9　广场喷泉系统

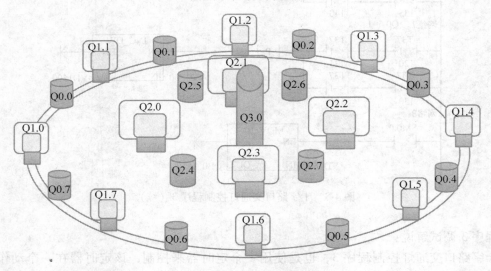

图 4-10　设计布局图

1. 控制工艺要求

喷泉由彩灯和喷头组成。

彩灯由外环彩灯和内环彩灯共 12 盏组成。

喷头由外环喷头、内环喷头和中心喷头共有 13 个组成。

Ⅰ0.2 起动按钮；Ⅰ0.3 停止按钮。

花样一共有六种，起动后花样一→花样二→花样三→花样四→花样五→花样六，反复这样顺序一直工作下去，一直等到发出停止命令才停止。

2. 控制程序 （见图 4-11）

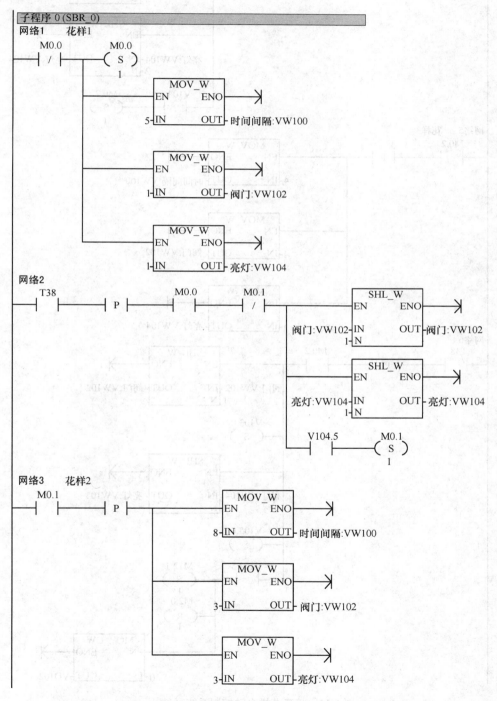

图 4-11 喷泉花样自动控制系统

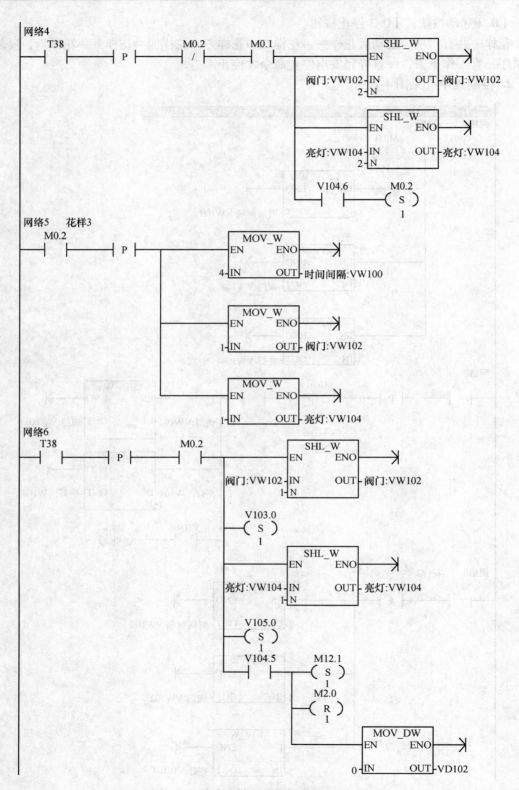

图 4-11　喷泉花样自动控制系统（续一）

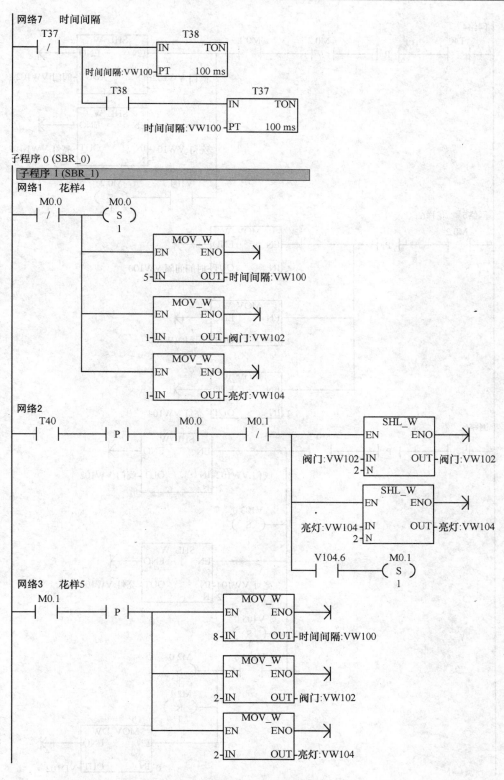

图 4-11 喷泉花样自动控制系统（续二）

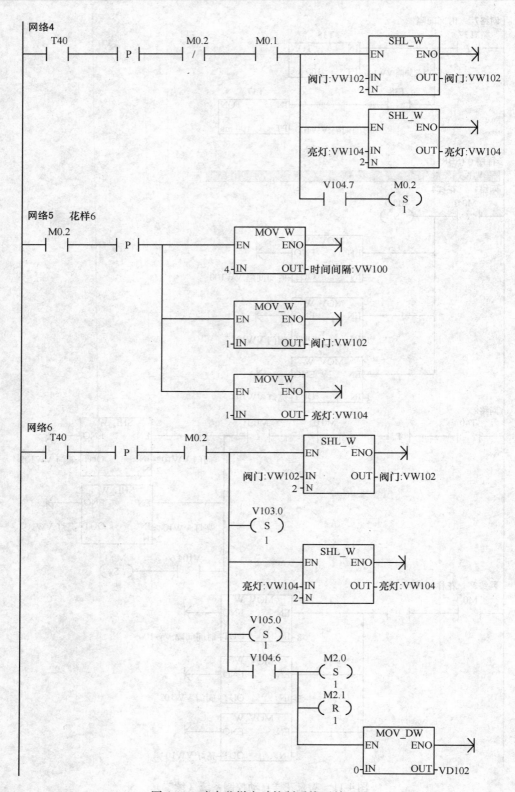

图 4-11 喷泉花样自动控制系统（续三）

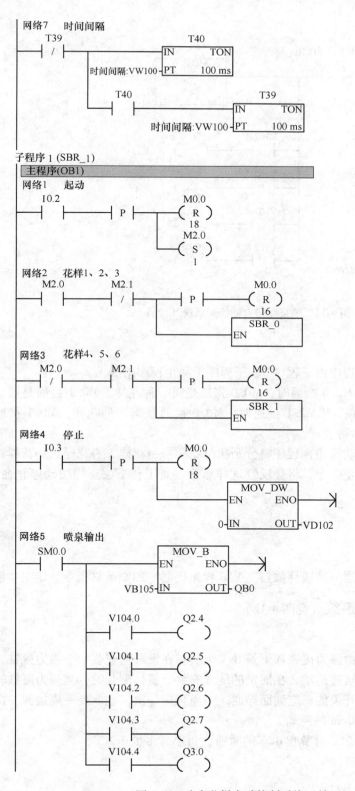

图 4-11 喷泉花样自动控制系统（续四）

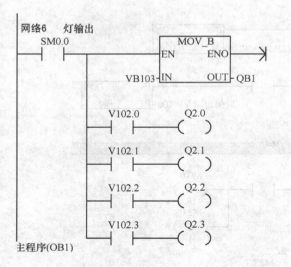

图 4-11　喷泉花样自动控制系统（续五）

程序调试解说：

喷泉花样自动控制系统程序由子程序 0、子程序 1 和主程序组成。

程序共有六种花样：当 M2.0 接通时，M0.0 接通是第一种花样，M0.1 接通是第二种花样，M0.2 接通是第三种花样；当 M2.1 接通时，M0.0 接通是第四种花样，M0.1 接通是第五种花样，M0.2 接通是第六种花样。

起动和停止。当按动起动按钮，程序将分别执行花样一→花样二→花样三→花样四→花样五→花样六，如果没有停止命令，将会反复这样顺序一直工作下去。当按动停止命令时，将立即停止所有输出。

4.3　速度检测系统

知识点和关键字：计数器　高速计数器　A/B 相编码器　四则运算指令　定时中断

4.3.1　自行车速度检测系统（见图 4-12）

1. 控制工艺要求

自行车速度检测系统，由强力磁铁和干簧开关组成。在发条上安装一个强力磁铁，强力磁铁随着车轮转动而做圆周轨迹运动，在固定的地方安装干簧检测开关，当强力磁铁转动接近并经过干簧开关时，干簧开关能感应到而导通，一周感应一次，也就是一周接通一次。单车轮每转过一周，其走过 150cm 的距离。

现在使用这套装置通过 PLC 计算出单车的时速，每小时多少千米。

2. 控制程序（见图 4-13）

子程序 0

强力磁铁

干簧开关
I0.2

图 4-12　自行车速度检测系统

子程序0

子程序(SBR_0)

网络1　初始化子程序，200ms中断一次，计数值复位，5s计数复位

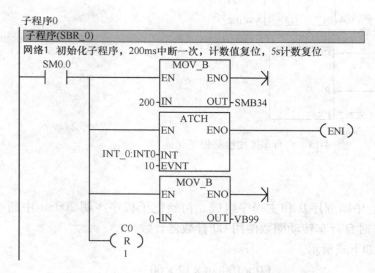

图 4-13　自行车速度检测程序

中断程序0

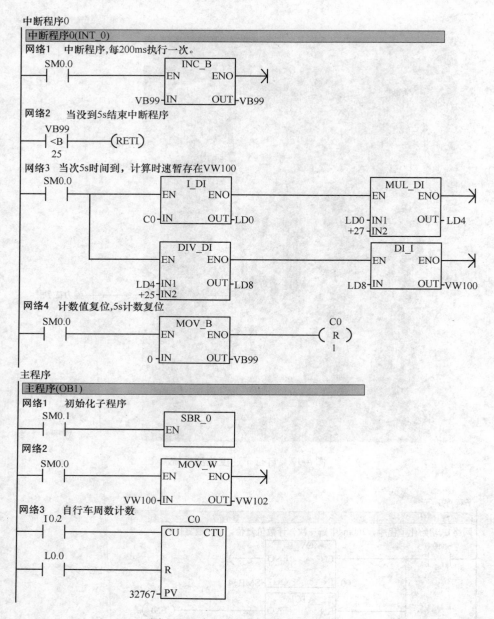

图 4-13　自行车速度检测程序（续）

程序调试解说：

控制程序由子程序 0、中断程序 0 和主程序组成。初始化子程序声明 200ms 中断一次，每隔 5s 计算一次速度。平时自行车转动圈数使用 C0 计数器计数。

速度检测数学推导式如下式所示。

$$\frac{C0 \times 150cm}{5s} \longrightarrow \frac{\dfrac{C0 \times 150cm \times 12 \times 60}{1000 \times 100}}{5s \times 12 \times 60}$$

$$VW100 = \frac{C0 \times 150\text{cm} \times 12 \times 60}{1000 \times 100} = \frac{C0 \times 27}{25}$$

4.3.2　机床速度检测系统（见图 4-14）

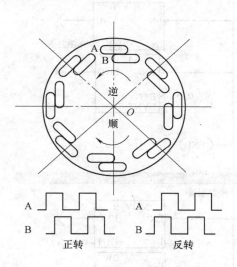

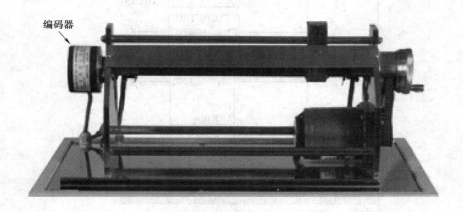

图 4-14　A/B 相编码器应用

1. 控制工艺要求

机床速度检测系统，A/B 相编码器安装在机床从动轴上，根据编码器的读数就可以算出转动速度、方向和位移。

A/B 相编码器每转过一周发出 1000 个脉冲，机床是通过螺杆驱动运行，螺杆的螺距是 1mm。A/B 相编码就是安装在螺杆的轴上。

2. 控制程序（见图 4-15）

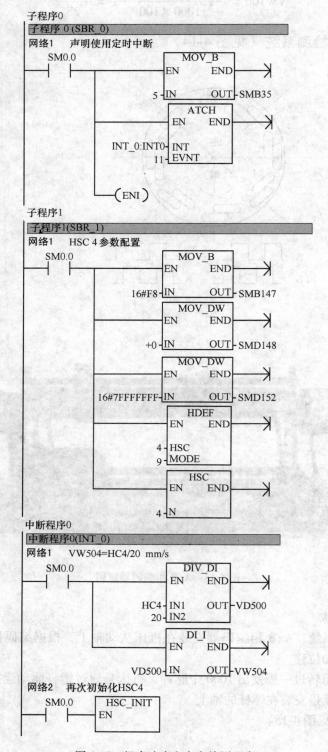

图 4-15　机床速度和方向检测程序

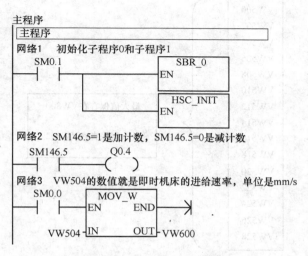

图 4-15　机床速度和方向检测程序（续）

程序调试解说：

控制程序由子程序 0、子程序 1、中断程序 0 和主程序组成。初始化子 0 程序声明 5ms 中断一次，每隔 5ms 计算一次速度；子程序 1 是声明 HSC4 的计算模式，定义目标值和复位经过值。程序中数学运算来源于下式中的数学推导。

速度检测数学推导式如下式所示。

$$\frac{HC4}{5ms} \rightarrow \frac{\dfrac{HC4 \times 200 \times 1mm}{1000 \times 4}}{5ms \times 200}$$

$$VD500 = \frac{HC4 \times 200 \times 1mm}{1000 \times 4} = \frac{HC4}{20}$$

4.4　寻找最大最小值算法

知识点和关键字：变址指针　块传送　FOR-NEXT 循环指令　比较指令

寻找最大最小值（见图 4-16）

1. 控制工艺要求

从 VW500 开始连续 15 个字的数值，来源于工业现场，是随机性数值。要求通过 PLC 快速找出最大值保存在 VW800 中，最小值保存在 VW802 中。

2. 控制程序 1（见图 4-17）

程序 1 调试解说：

先把 VW500 开始连续 15 个字的数整块搬移到 VW600 开始连续 15 个字中，然后建立指针基准指向 VW600，先把 VW600 数保存在最大值存储器 VW800 中，同时把 VW600 数保存在最小值存储器 VW802 中。

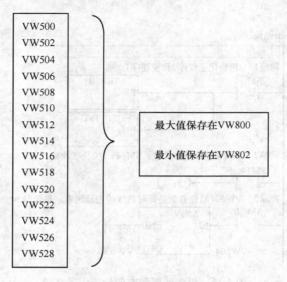

图 4-16　寻找最大最小值

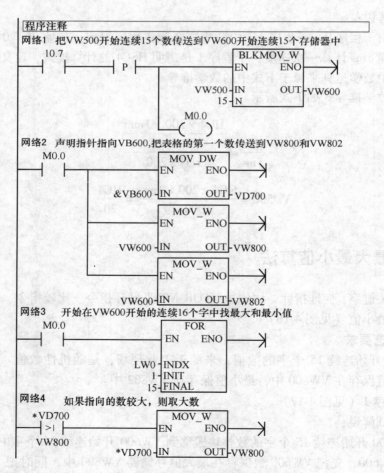

图 4-17　寻找最大最小值程序 1

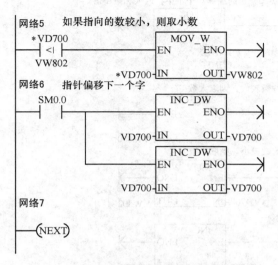

图 4-17　寻找最大最小值程序 1（续）

然后从 VW600 开始逐一与最大值 VW800 比，如果指向的数比 VW800 的大，马上把指向的数传送给 VW800，保证 VW800 是最大值，按照这个规律一直把 15 个数全部比完，这样 VW800 就是最大值了。同样道理，VW802 就是最小值了。

讨论和思考：

为了实现寻找最大最小值功能，使用如图 4-18 所示的控制程序行不行？为什么？

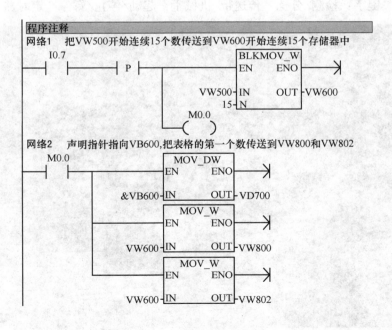

图 4-18　寻找最大最小值程序 2

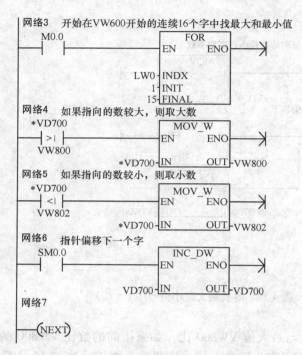

网络3　开始在VW600开始的连续16个字中找最大和最小值

```
M0.0          ┌─────FOR─────┐
─┤ ├──────────┤EN       ENO├───┤
              │             │
        LW0 ──┤INDX         │
          1 ──┤INIT         │
         15 ──┤FINAL        │
              └─────────────┘
```

网络4　如果指向的数较大，则取大数

```
*VD700        ┌────MOV_W────┐
─┤ >I ├───────┤EN       ENO├───┤
 VW800        │             │
     *VD700 ──┤IN       OUT ├── VW800
              └─────────────┘
```

网络5　如果指向的数较小，则取小数

```
*VD700        ┌────MOV_W────┐
─┤ <I ├───────┤EN       ENO├───┤
 VW802        │             │
     *VD700 ──┤IN       OUT ├── VW802
              └─────────────┘
```

网络6　指针偏移下一个字

```
SM0.0         ┌────INC_DW───┐
─┤ ├──────────┤EN       ENO├───┤
              │             │
      VD700 ──┤IN       OUT ├── VD700
              └─────────────┘
```

网络7

```
─────(NEXT)
```

图 4-18　寻找最大最小值程序 2（续）

4.5　自动分拣生产线控制系统（见图 4-19 和图 4-20）

知识点和关键字：检测/分拣　传送带/机械手　起动/停止/暂停　定时器　传感器

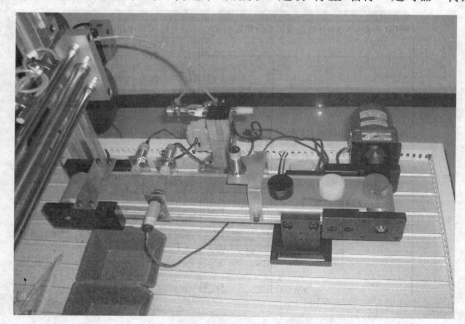

图 4-19　放料传输分拣部分

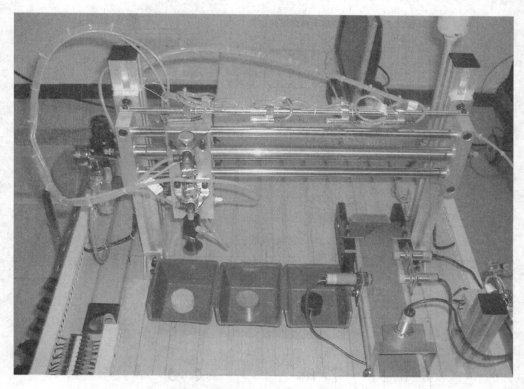

图 4-20 龙门架机械手分选结果存放部分

1. 控制工艺要求

系统总体动作要求：在传送带右边随机顺序放下黑色金属产品、银色金属产品、白色非金属产品共三个产品，放料时两个产品间最少间隔是 1 个产品直径尺寸，如图 4-21 所示。经过变频器驱动的传送带往左方向传送产品，经过安装在输送带上的传感器把黑色金属产品、银色金属产品、白色非金属产品区分出来，最后经过气动机械手装置，产品被分别堆放到指定区域，如图 4-20 所示（从左到右分别是白色非金属产品、银色金属产品、黑色金属产品）。

系统需要给出起动命令时，传送带才运行开始传送工件。当发出停止命令时，传送带和龙门架机械手均进入暂停状态。

2. 控制程序（见图 4-21）

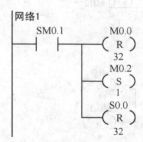

图 4-21 自动分拣生产线控制程序

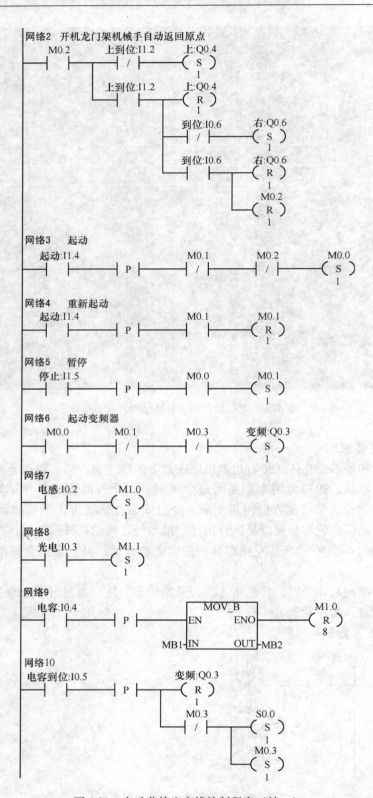

图 4-21　自动分拣生产线控制程序（续一）

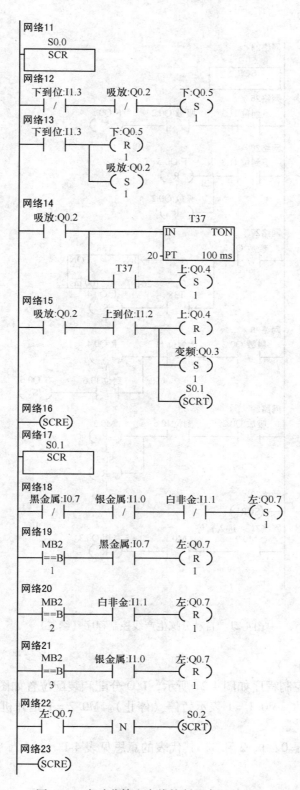

图 4-21　自动分拣生产线控制程序（续二）

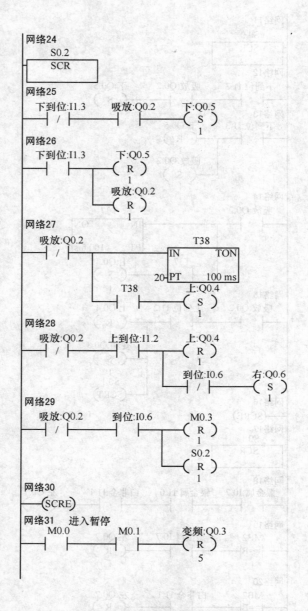

图 4-21　自动分拣生产线控制程序（续三）

程序调试解说：

自动分拣生产线控制程序如图 4-21 所示，I/O 分配和装配位置如图 4-22 所示。

M0.0 = 1 表示起动，M0.1 = 1 表示暂停（停止）。M0.2 = 1 是开机初始化机械手，自动返回原点。

MB2 可能的数值是 0、1、2 和 3，其代表的意思见表 4-1。

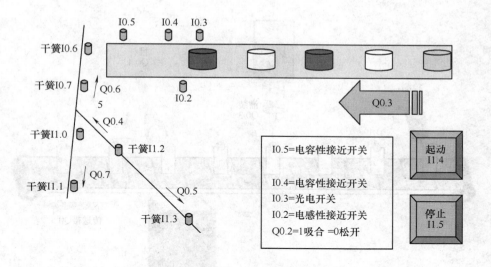

图 4-22 I/O 分配和安装位置示意图

表 4-1 MB2 数值表

工件材质	I0. 3	I0. 2	MB2
白色非金属	1	0	2
银色金属	1	1	3
黑色金属	0	1	1

当检测到相应工件时，自动放置在不同的框中，从左到右分别是，白色非金属产品、银色金属产品、黑色金属产品。

当按下停止命令时，除了吸合工件保持外，其他动作都进入暂停状态。等到再次按动起动命令时，将会释放暂停命令，回复自动分拣动作。

4.6 啤酒灌装生产线控制系统（见图 4-23）

知识点和关键字：检测 SHRB 定时器

1. 控制工艺要求

啤酒灌装生产线系统需要具备的功能是，检测玻璃瓶的好坏，如果是好的玻璃瓶就灌啤酒，如果是坏的玻璃瓶就不要灌啤酒，同时需要把坏瓶推离生产线到坏瓶框中。

2. 控制程序（见图 4-24）

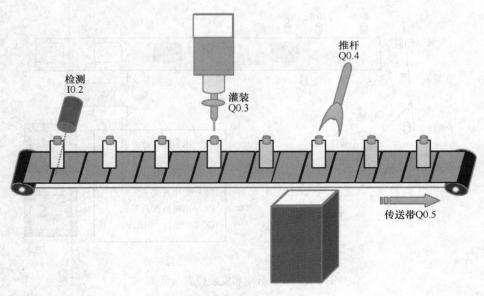

图 4-23　啤酒灌装生产线控制系统

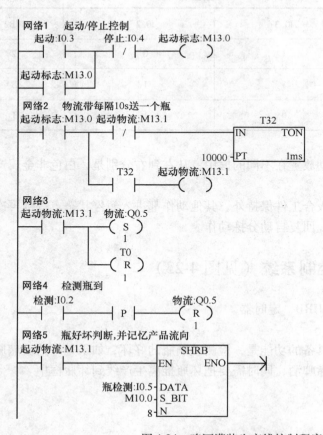

图 4-24　啤酒灌装生产线控制程序

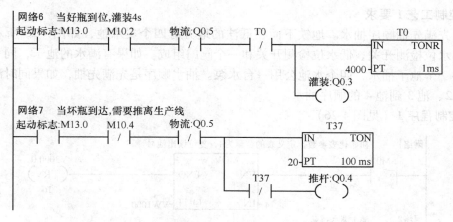

图 4-24 啤酒灌装生产线控制程序（续）

程序调试解说：

啤酒灌装生产线控制程序，当起动后，首先物流带运行，I0.2 检测到有瓶到位，同时 I0.5 对瓶好坏进行检查，这时候物流带停止运送，等待好瓶灌装和推出坏瓶。当灌装和推离坏瓶等动作完成后，重新起动物流带，反复上面动作，一直到停止。

按照现场调试，输送瓶和灌装一般需要 8s，为了稳妥起见每隔 10s 物流带输送一个瓶，也就是每 10s 灌装一瓶啤酒。

灌装动作需要 4s 才能完成，推离坏瓶需要 2s 完成。

4.7 集水池顺序抽水控制系统

知识点和关键字：逻辑顺序控制 填表/读表指令 移位指令 传送指令

水池抽水控制系统如图 4-25 所示。

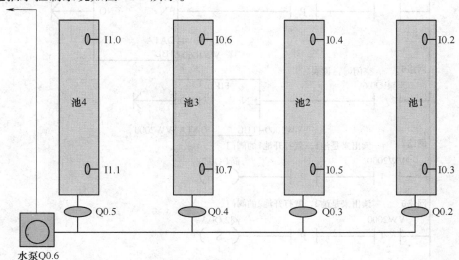

图 4-25 水池抽水控制系统

1. 控制工艺 1 要求

　　按照先满先抽顺序抽水。地铁下面在低洼的地方有四个集水池，如图 4-25 所示。每个水池由高水位检测开关、低水位检测开关和一个阀门组成。如果有满水的池子，同一时间里面只能对一个池子抽水，四个水池公用一台水泵。抽水顺序是先满先抽，如果同时满就按照池 1、池 2、池 3 到池 4 的顺序抽水。

2. 控制程序 1（见图 4-26）

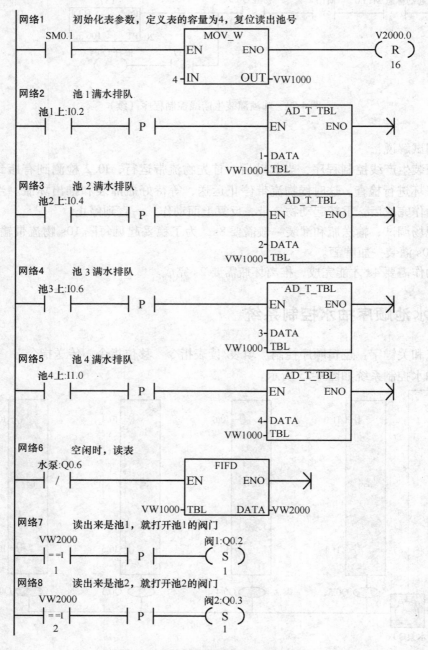

图 4-26　集水池先满先抽控制程序 1

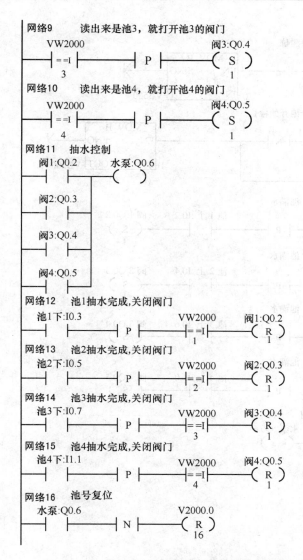

图 4-26 集水池先满先抽控制程序 1（续）

程序 1 调试解说：

水池中水位检测开关，高水位检测开关属性是满水时显示接通，低水位检测开关属性是低水位时显示接通。

程序由五部分组成：初始化参数部分，队列表规格定义和读表数清空；满水池检测和把池号排队入队列表部分；水泵空闲时读表部分；水泵抽水控制部分；打开池阀门和关闭池阀门部分。

3. 控制工艺 2 要求

按照预先指定顺序抽水。地铁下面在低洼的地方有四个集水池，如图 4-25 所示。每个水池有高水位检测开关、低水位检测开关和一个阀门组成。如果有满水的池子，同一时间里面只能对一个池子抽水，四个水池公用一台水泵。如果有多个水池满水，抽水顺序按照池 1、池 2、池 3 到池 4 的顺序抽水；如果只有一个水池满水，就马上抽水不等待其他池满水。

4. 控制程序 2（见图 4-27）

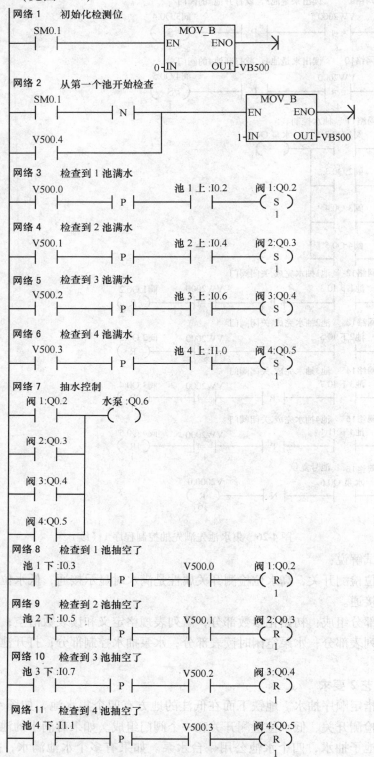

图 4-27　集水池顺序抽水控制程序 2

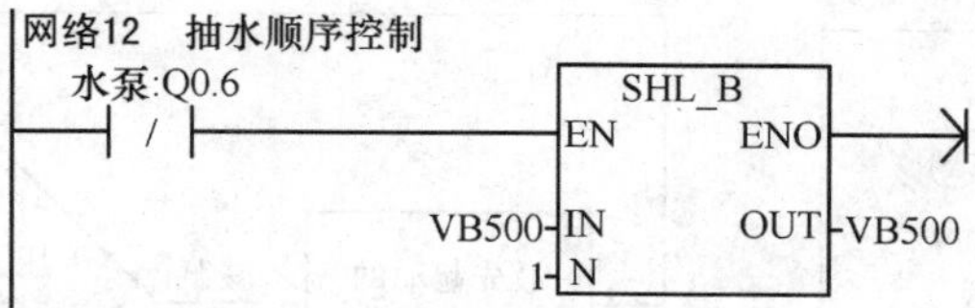

图 4-27　集水池顺序抽水控制程序 2（续）

程序 2 调试解说：

水池中水位检测开关，高水位检测开关属性是满水时显示接通，低水位检测开关属性是低水位时显示接通。

程序由五部分组成：初始化参数部分，检查池的检测位初始化；满水池检测和打开阀门控制部分；水泵抽水控制部分；池水抽空检测和关闭池阀门部分；水泵空闲时控制检查池顺序部分。

4.8　泵号管理顺序控制系统（见图 4-28 和图 4-29）

知识点和关键字：BGN _ ITIME　CAL _ ITIME　INC _ B　CMP　DECO　W0R _ B　B _ I　AD _ T _ TBL　FIFO　WXOR _ B

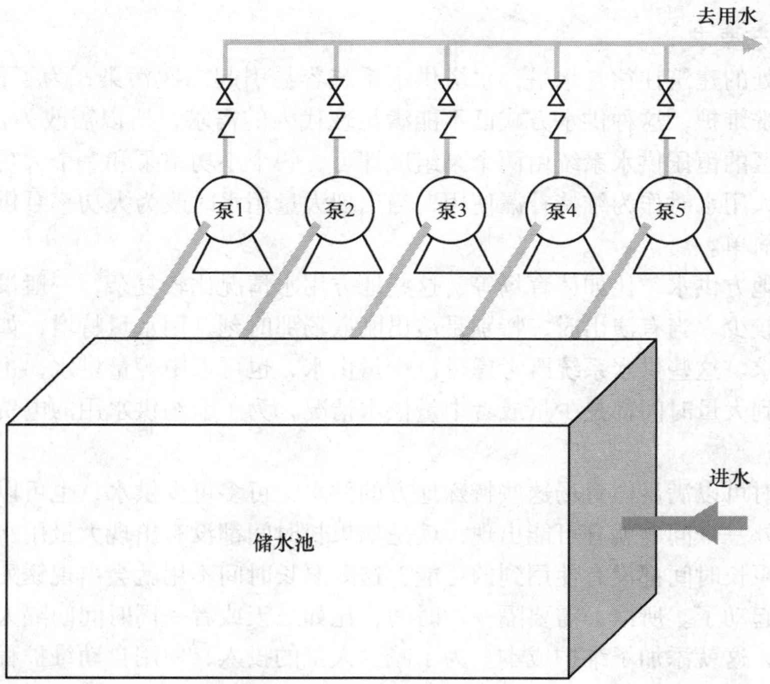

图 4-28　多台泵供水系统

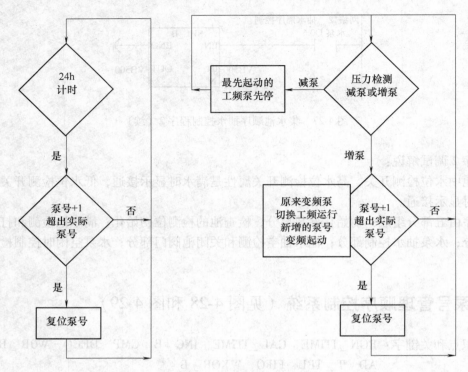

图 4-29　多台泵泵号轮换流程

1. 控制工艺要求

以前最高处的建筑往往是水塔，水塔供水系统容易引起二次污染，为了预防二次污染，需要经常性清洗维护，这种供水方式已不能满足现代人的需求，所以需改为恒压供水系统。一般居民生活区的恒压供水系统由两个泵组成即可，一个小功率泵和一个大功率泵，小功率泵在长时间无人用水时作为维持补漏使用，当出现大量用水时改为大功率泵供水，这种控制系统逻辑比较简单。

一些商业地方供水，比如体育场等，这些地方用水情况比较复杂，一般没有演出等活动时，用水量比较少。当有演出时，特别是演出刚散场那时刻，用水量特增，如果供不上水就会影响用水需求。这些供水系统既考虑可以少量供水，也可以中等量供水，也可以特大量供水，更加考虑到大量时间都是少量或者中量供水情况，为了节约供水用的电费，往往使用多泵供水。

多泵供水时可以满足体育场这些特殊地方的供水，可多可少供水，也可以节约供水用电费。但是，另外一个问题就有可能出现，就是如果长时间都没有出现大量用水的情况，那么就用可能有些泵长时间都没有使用到的可能，这些泵长时间不用就会出现锈死，当锈死后需要使用就难以起动了。所以，需要隔一段时间，比如三天或者一周时间间隔人为地起动运转一下其他的泵，这就添加了维护成本。为了减少人工的投入，使用自动维护程序，让每台泵隔叉三五天都有机会运行，每台泵运转机会均等。

比如有五台泵联合供水，水泵根据用水量，自动添加和减少，而且每台泵使用率尽量均等，成为免维护系统。

2. 控制程序（见图4-30）

子程序0（SBR_0）

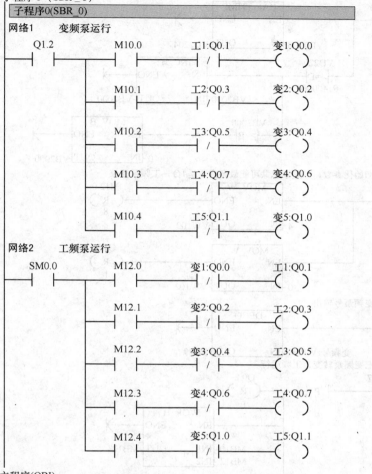

主程序(OBI)

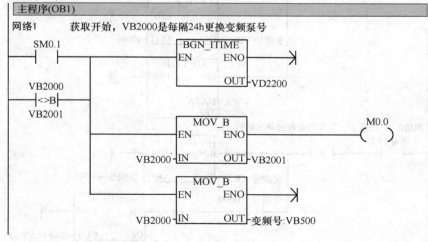

图 4-30 泵号管理顺序控制程序

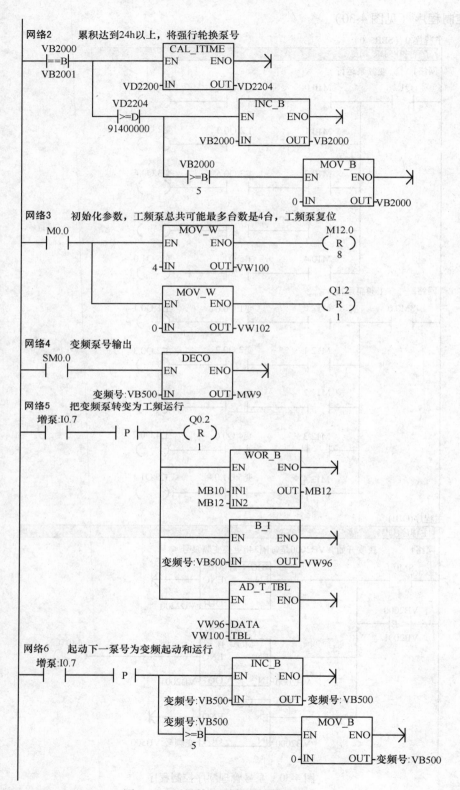

图 4-30　泵号管理顺序控制程序（续一）

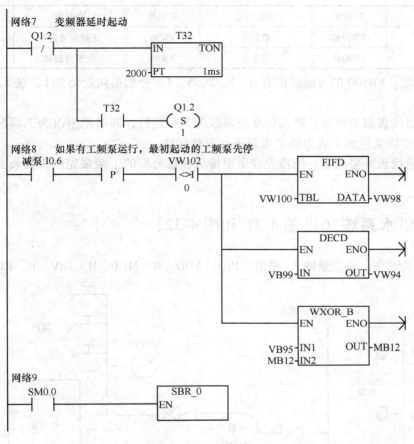

图 4-30 泵号管理顺序控制程序（续二）

程序调试解说：

程序中的泵有变频驱动的工作方式，也有工频驱动的工作方式，分别使用不同的软元件驱动，见表 4-2。

表 4-2 泵驱动软元件

	一号泵	二号泵	三号泵	四号泵	五号泵
变频驱动	M10.0	M10.1	M10.2	M10.3	M10.4
	Q0.0	Q0.2	Q0.4	Q0.6	Q1.0
工频驱动	M12.0	M12.1	M12.2	M12.3	M12.4
	Q0.1	Q0.2	Q0.3	Q0.4	Q0.5

程序中的泵号切换有三种情况，每隔 24h 强行轮换泵号，在平时恒压控制的增泵切换泵号，和减泵控制，分别使用不同的软元件见表 4-3。

每当连续运行 24h，进行强行轮换泵号，其他控制逻辑全部复位，相当于重新起动整个系统。

表 4-3　不同的起动软元件

24h 泵号	软元件	工频泵号	软元件	变频泵	软元件
新泵号	VB2000	增泵号	VW96	变频起动泵号	VB500
上次泵号	VB2001	减泵号	VW98	变频器起动	Q1.2

变频泵起动。VB500 的可能数值有 0、1、2、3、4，分别指向起动泵 1、泵 2、泵 3、泵 4 和泵 5。

　　I 0.7 接通代表需要增泵，把当前变频泵改为工频运行，同时把刚改为工频泵的泵号进入排队，当前变频泵号加 1 成为马上增泵进行变频起动。

　　I 0.6 接通代表需要减泵，把预先在里面排队在最前面的工频泵先停，其余工频和变频泵号不变。

4.9　恒压供水系统（见图 4-31 和图 4-32）

　　知识点和关键字：模拟量输入/输出　PID　ADD_R　MUL_R　DIV_R　ROUND

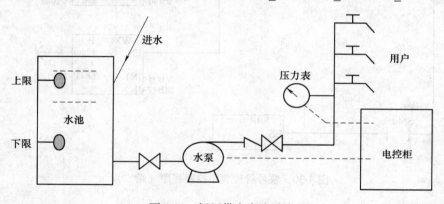

图 4-31　恒压供水水路系统

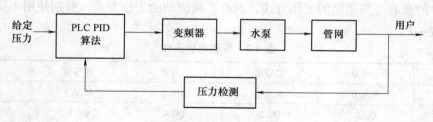

图 4-32　恒压供水电气系统

1. 控制工艺要求

　　目前，按照我国住房和城乡建设部管网供水压力服务规范要求，城市供水服务压力为 0.14MPa，这个压力只能保证供水到 3 ~ 4 层楼；而四楼以上的供水是二次供水的范畴。一般城市实际管网平均压力达到 0.30MPa 以上，远远高于国家标准，基本能够满足全市 6 层楼用户水压要求。但从安全运行角度考虑，个别 6 层或 6 层以上用户由于所处地理位置较高，公共供水管网水压不能满足用户使用要求时，必须增加二次供水设施。

二次供水系统,现在一般使用如图4-31所示的恒压供水系统。为了满足生活用水和消防用水,一般还设置这两档压力值,平时按照生活水压力供水,当有火灾发生时可以手动或者自动切换到消防压力供水,本例消防供水压力设置为0.90MPa。

2. 控制程序(见图4-33)

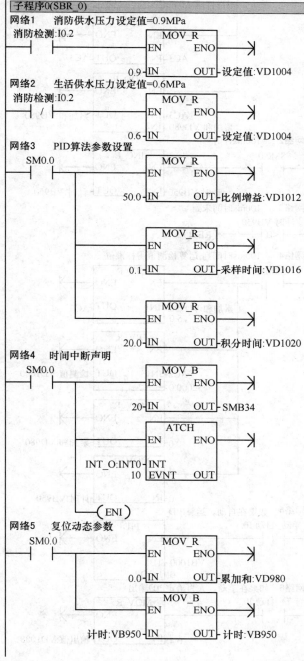

图4-33 恒压供水控制程序

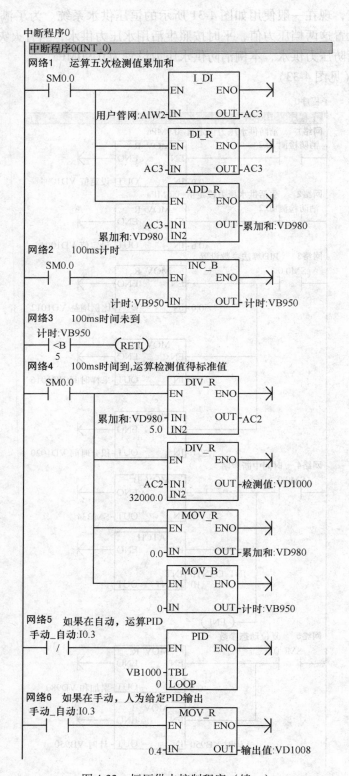

图 4-33　恒压供水控制程序（续一）

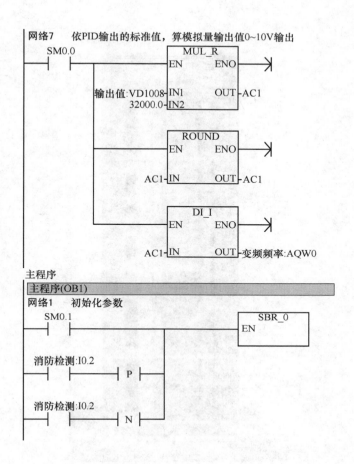

图 4-33 恒压供水控制程序（续二）

程序调试解说：

恒压供水系统控制程序，包括子程序 1、中断程序 0 和主程序。

子程序为声明参数使用，每当开机或者消防供水与生活供水切换时被执行。

中断程序，计算五次检测平均值作为 PID 指令检测输入值。同时每隔 100ms 把实际检测值演算为 PID 指令标准输入值，同时把 PID 算法输出值也演算为实际模拟量输出值 0 ~ 32000。

主程序，有条件地执行子程序 0，声明参数。

4.10 五层楼电梯控制系统（见图 4-34 ~ 图 4-36）

知识点和关键字：FILL MOV ENCO 转换指令 四则运算指令 指针
　　　　　　　　FOR NEXT 累加器 JMP 步进阶梯指令

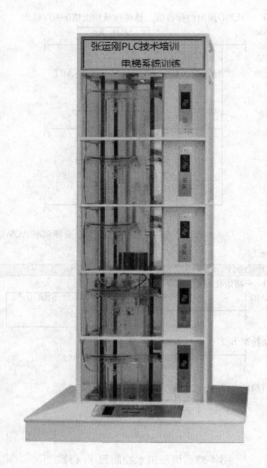

图 4-34　五层楼电梯控制系统（透明仿真）

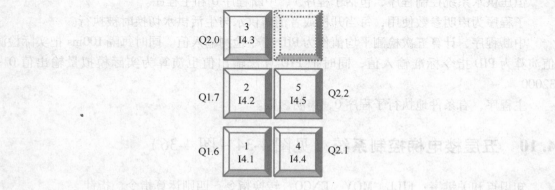

图 4-35　五层楼电梯轿厢内键盘

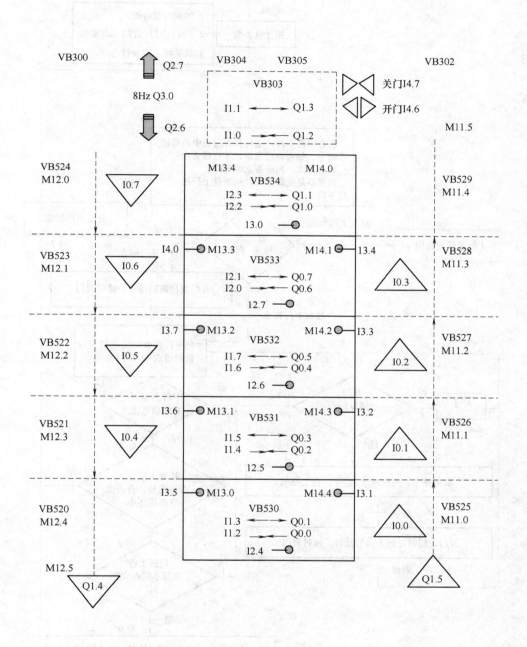

图 4-36 五层楼电梯软元件分布

1. 控制工艺要求（见图 4-37 和图 4-38）

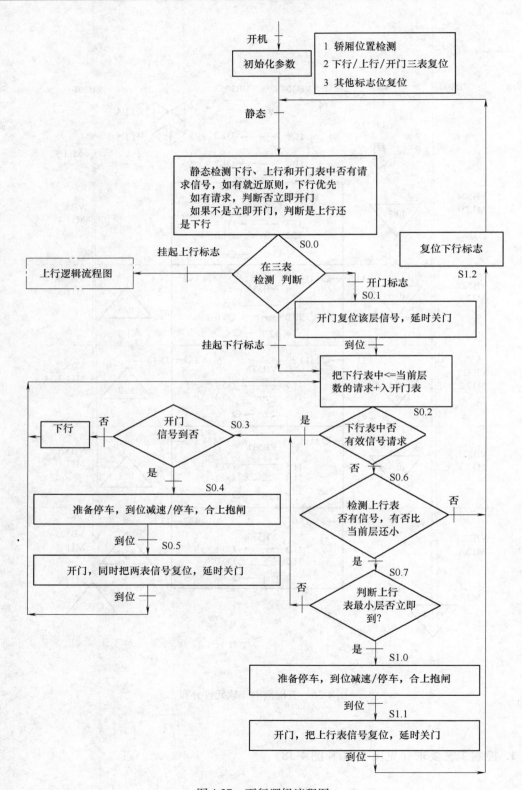

图 4-37　下行逻辑流程图

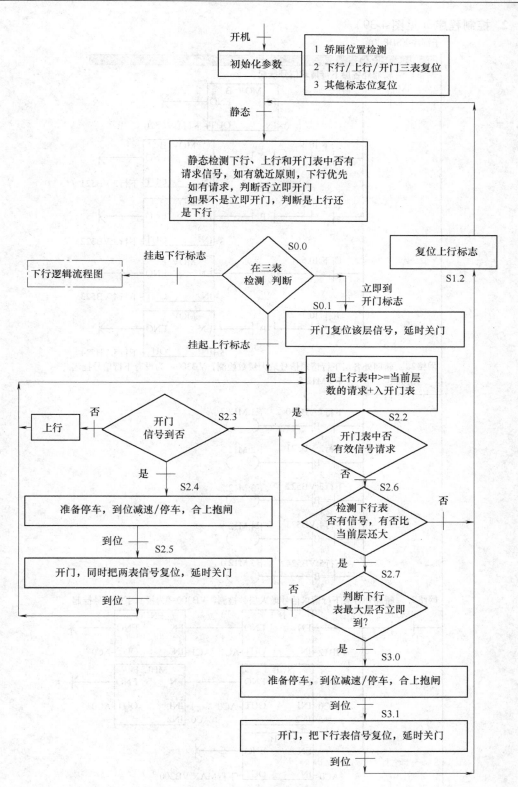

图 4-38 上行逻辑流程图

2. 控制程序（见图 4-39）

子程序0(SBR_0)

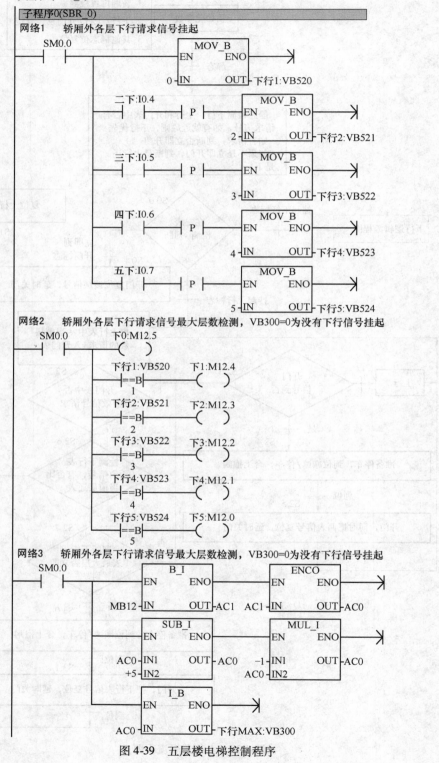

图 4-39　五层楼电梯控制程序

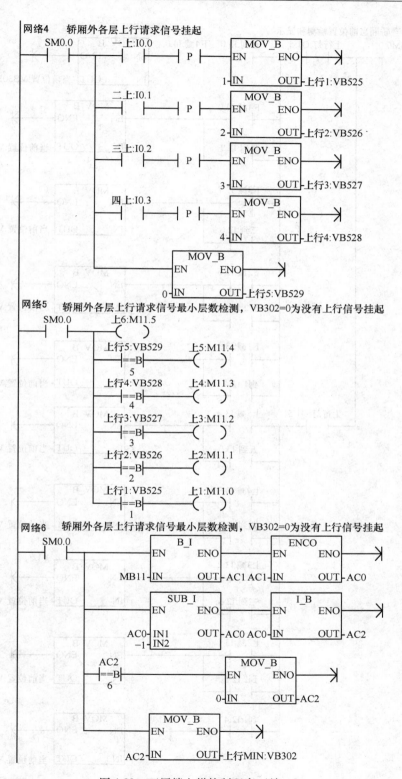

图 4-39 五层楼电梯控制程序（续一）

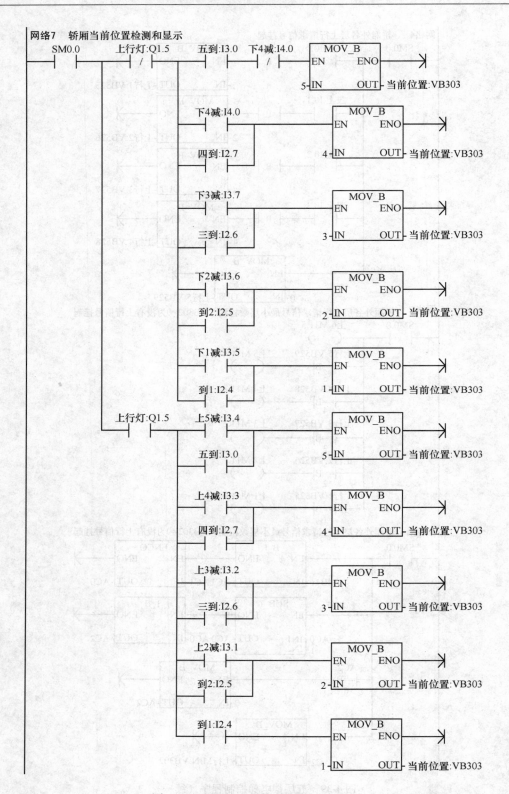

图 4-39 五层楼电梯控制程序（续二）

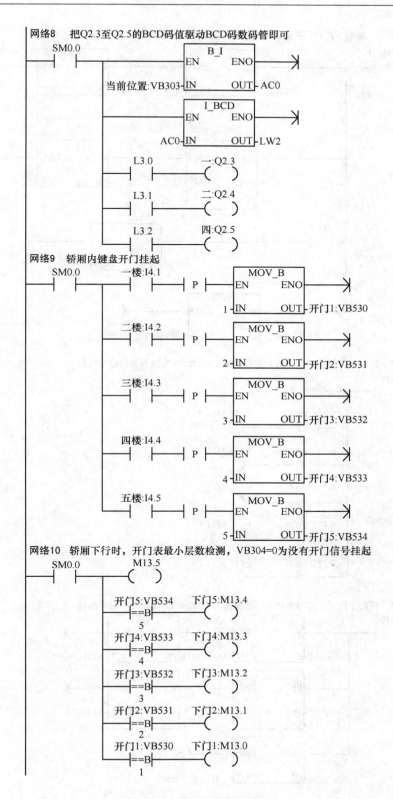

图 4-39 五层楼电梯控制程序（续三）

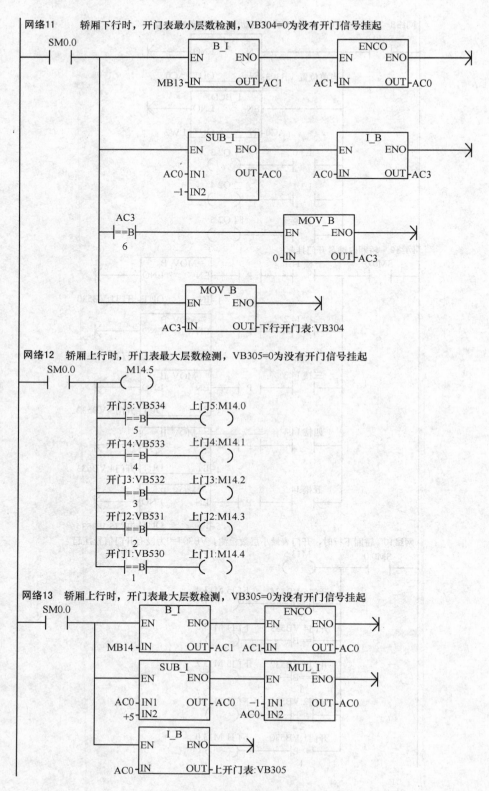

图 4-39　五层楼电梯控制程序（续四）

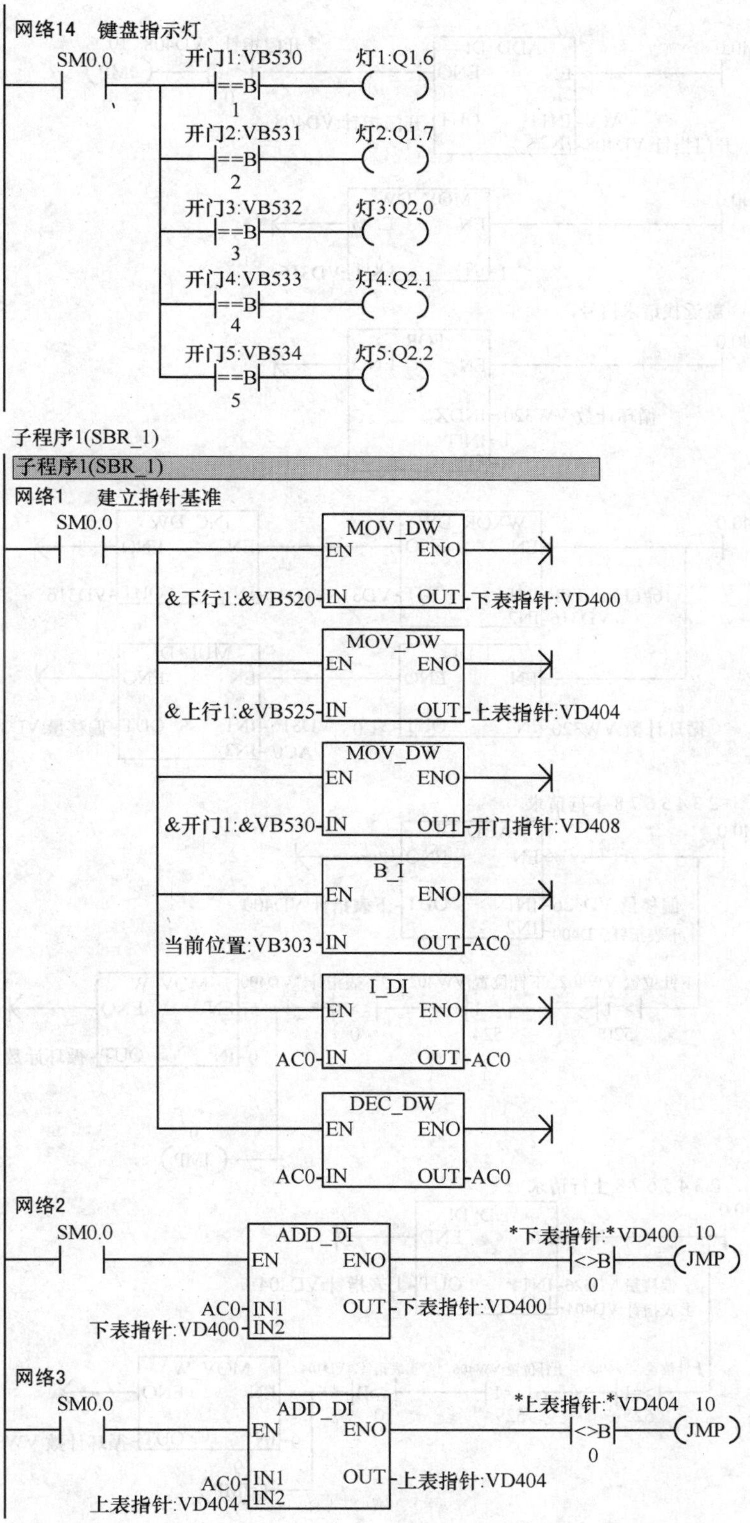

网络14　键盘指示灯

```
SM0.0      开门1:VB530    灯1:Q1.6
─┤├──────────┤==B├───────( )
                 1
           开门2:VB531    灯2:Q1.7
           ─┤==B├───────( )
                 2
           开门3:VB532    灯3:Q2.0
           ─┤==B├───────( )
                 3
           开门4:VB533    灯4:Q2.1
           ─┤==B├───────( )
                 4
           开门5:VB534    灯5:Q2.2
           ─┤==B├───────( )
                 5
```

子程序1(SBR_1)

子程序1(SBR_1)

网络1　建立指针基准

```
SM0.0            MOV_DW
─┤├──────────┤EN      ENO├────
                           ─>
  &下行1:&VB520─┤IN     OUT├─下表指针:VD400

                 MOV_DW
              ─┤EN      ENO├────
                            ─>
  &上行1:&VB525─┤IN     OUT├─上表指针:VD404

                 MOV_DW
              ─┤EN      ENO├────
                            ─>
  &开门1:&VB530─┤IN     OUT├─开门指针:VD408

                  B_I
              ─┤EN      ENO├────
                            ─>
  当前位置:VB303─┤IN     OUT├─AC0

                  I_DI
              ─┤EN      ENO├────
                            ─>
         AC0─┤IN     OUT├─AC0

                 DEC_DW
              ─┤EN      ENO├────
                            ─>
         AC0─┤IN     OUT├─AC0
```

网络2

```
SM0.0            ADD_DI              *下表指针:*VD400  10
─┤├──────────┤EN      ENO├──────────┤<>B├──────(JMP)
                                         0
         AC0─┤IN1    OUT├─下表指针:VD400
下表指针:VD400─┤IN2
```

网络3

```
SM0.0            ADD_DI              *上表指针:*VD404  10
─┤├──────────┤EN      ENO├──────────┤<>B├──────(JMP)
                                         0
         AC0─┤IN1    OUT├─上表指针:VD404
上表指针:VD404─┤IN2
```

图 4-39　五层楼电梯控制程序（续五）

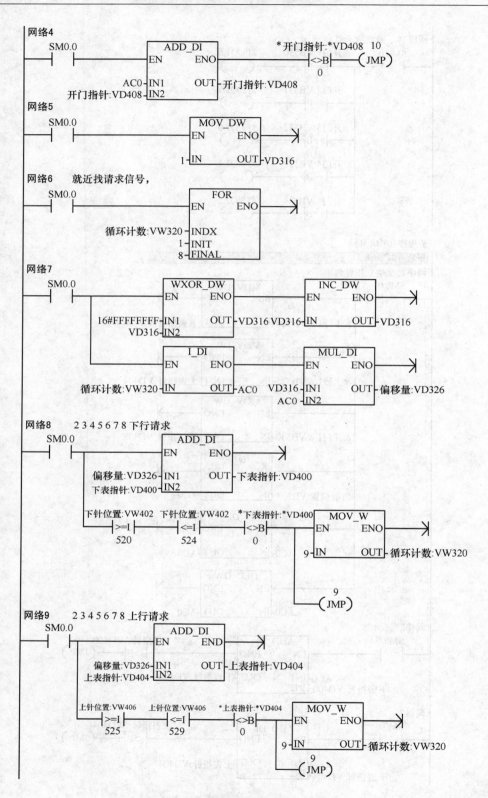

图 4-39　五层楼电梯控制程序（续六）

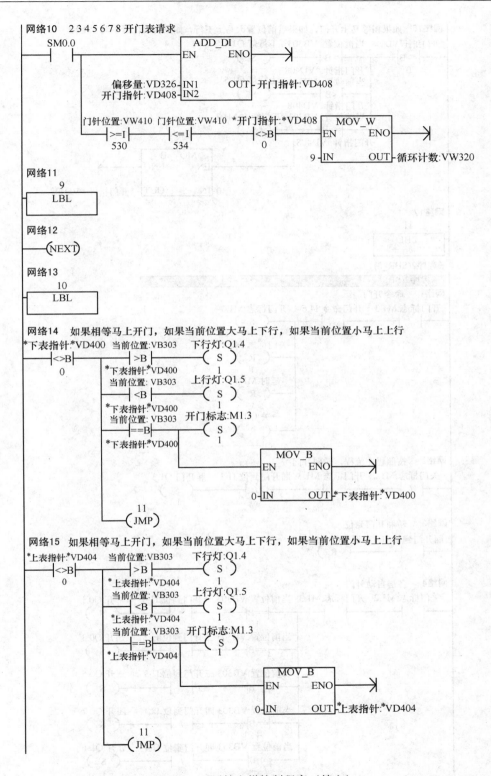

图 4-39 五层楼电梯控制程序（续七）

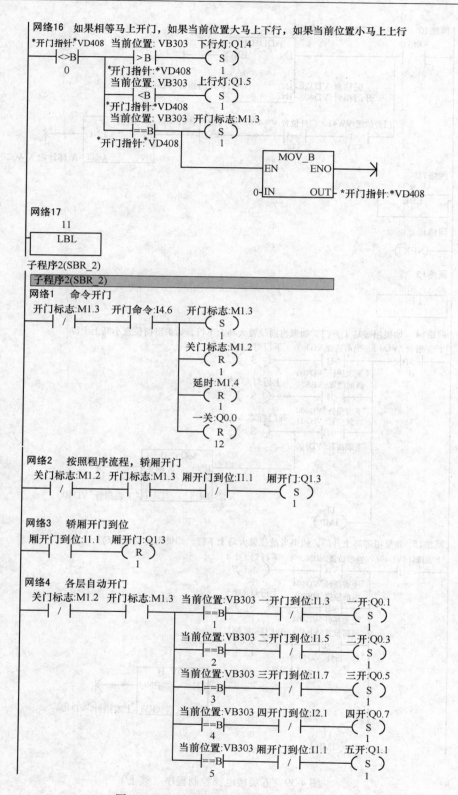

图 4-39　五层楼电梯控制程序（续八）

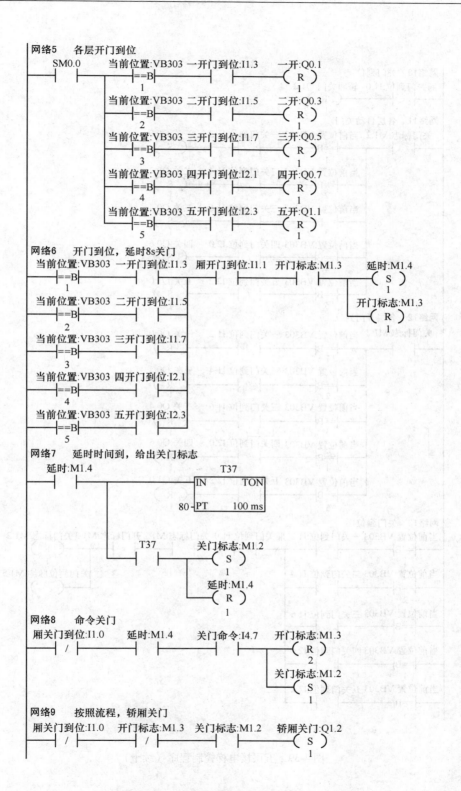

图4-39 五层楼电梯控制程序（续九）

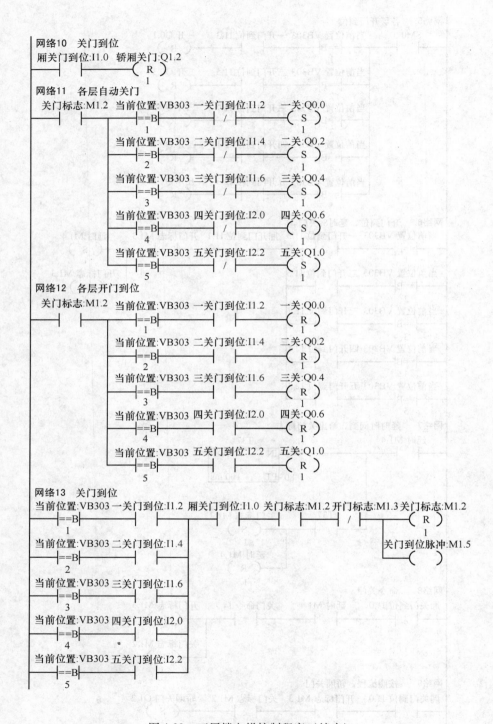

图 4-39 五层楼电梯控制程序（续十）

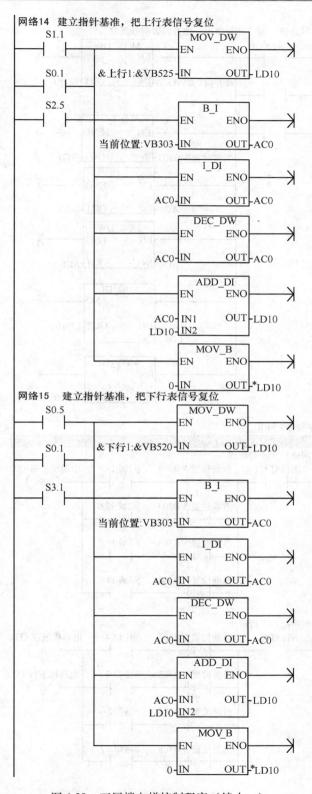

图 4-39　五层楼电梯控制程序（续十一）

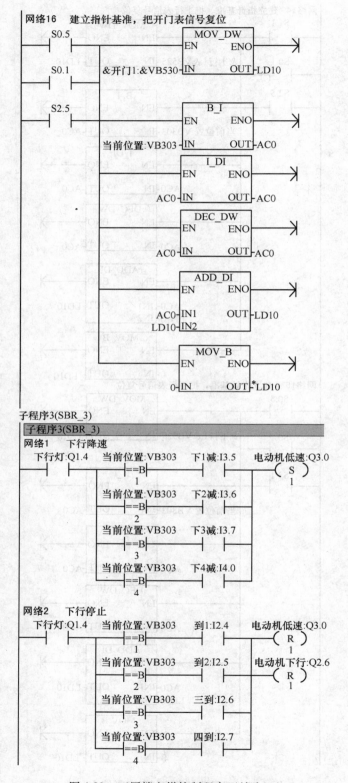

图 4-39　五层楼电梯控制程序（续十二）

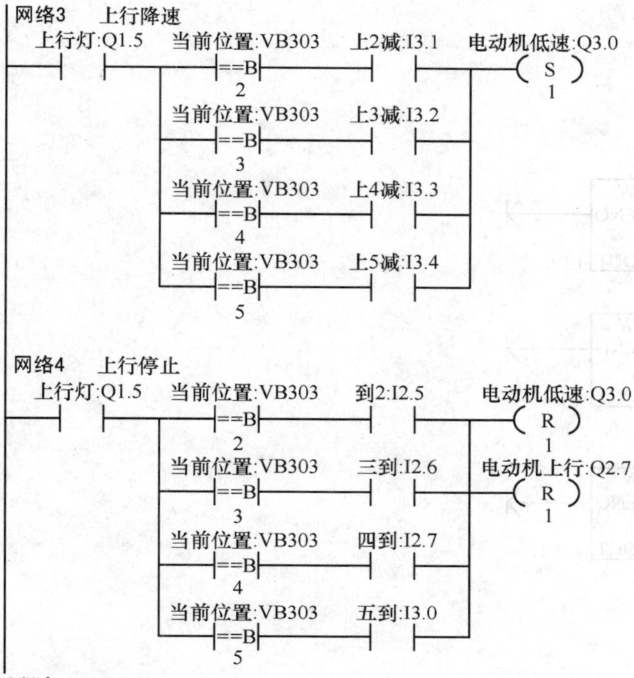

网络3　　上行降速

```
上行灯:Q1.5   当前位置:VB303   上2减:I3.1   电动机低速:Q3.0
 ─┤├──────────┤==B├──────────┤├──────────( S )
                  2                          1

              当前位置:VB303   上3减:I3.2
              ─┤==B├──────────┤├─
                  3

              当前位置:VB303   上4减:I3.3
              ─┤==B├──────────┤├─
                  4

              当前位置:VB303   上5减:I3.4
              ─┤==B├──────────┤├─
                  5
```

网络4　　上行停止

```
上行灯:Q1.5   当前位置:VB303   到2:I2.5   电动机低速:Q3.0
 ─┤├──────────┤==B├──────────┤├──────────( R )
                  2                          1

              当前位置:VB303   三到:I2.6   电动机上行:Q2.7
              ─┤==B├──────────┤├──────────( R )
                  3                          1

              当前位置:VB303   四到:I2.7
              ─┤==B├──────────┤├─
                  4

              当前位置:VB303   五到:I3.0
              ─┤==B├──────────┤├─
                  5
```

子程序 4 (SBR_4)

子程序 4 (SBR_4)

网络1　　把小于或等于当前层数的下行表+入到开门表中

```
SM0.0            B_I                    I_DI
 ─┤├──────────EN    ENO──────────────EN    ENO──────→
                                              
      当前位置:VB303─IN   OUT─AC1    AC1─IN   OUT─AC1

                    DEC_DW
               ──EN    ENO──────→
               AC1─IN   OUT─AC0
```

网络2

```
SM0.0          MOV_DW                 MOV_DW
 ─┤├──────────EN    ENO──────────────EN    ENO──────→
  &下行1:&VB520─IN   OUT─LD0  &开门1:&VB530─IN   OUT─LD4
```

网络3

```
SM0.0          ADD_DI                 ADD_DI
 ─┤├──────────EN    ENO──────────────EN    ENO──────→
       AC0─IN1   OUT─LD0      AC0─IN1   OUT─LD4
       LD0─IN2                LD4─IN2
```

网络4

```
SM0.0           FOR
 ─┤├──────────EN    ENO──────→
        LW10─INDX
           1─INIT
           5─FINAL
```

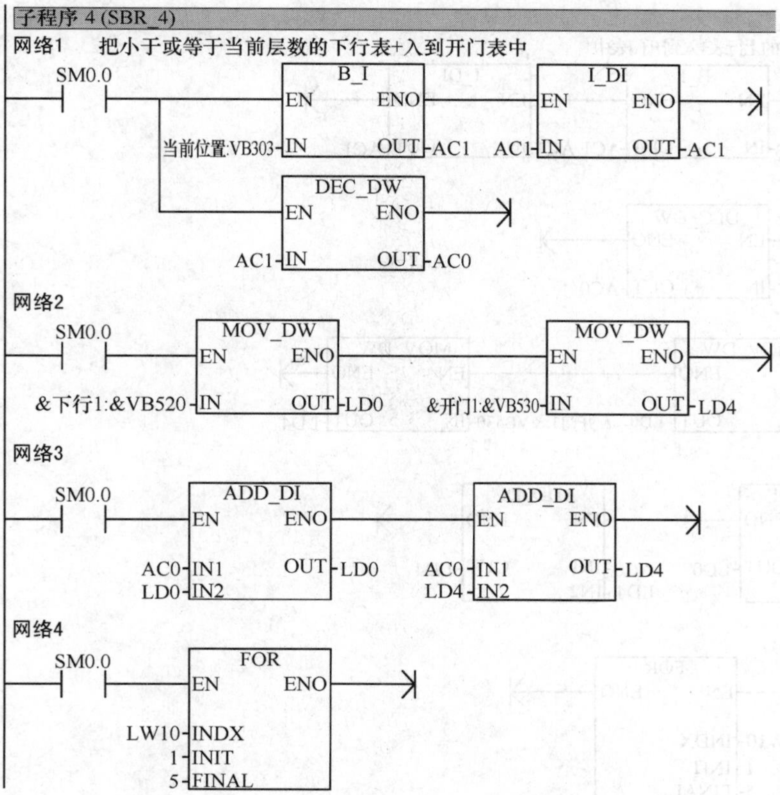

图 4-39　五层楼电梯控制程序（续十三）

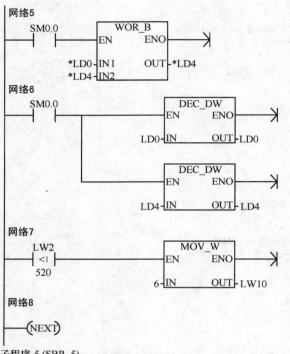

网络5

网络6

网络7

网络8

子程序 5 (SBR_5)

子程序 5 (SBR_5)

网络1　　　把大于或等于当前层数的上行表+入到开门表中

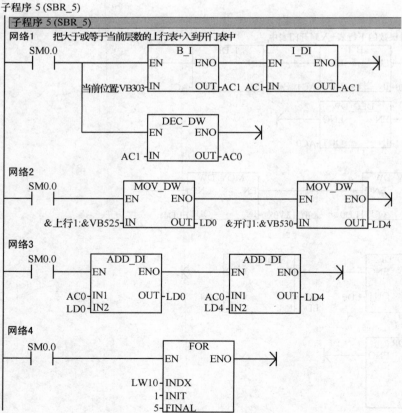

网络2

网络3

网络4

图 4-39　五层楼电梯控制程序（续十四）

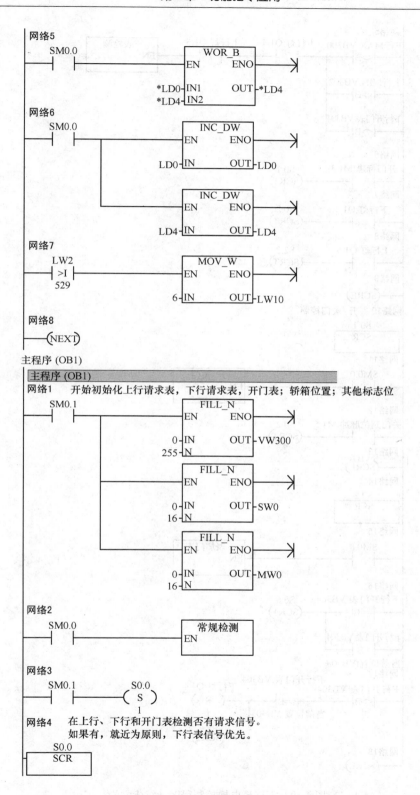

图 4-39　五层楼电梯控制程序（续十五）

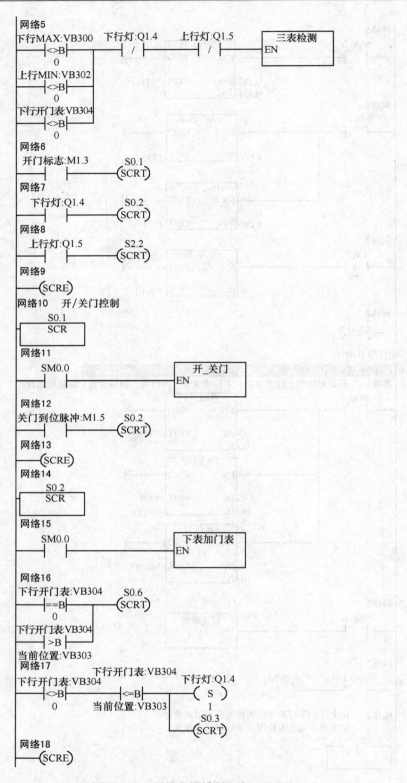

图 4-39　五层楼电梯控制程序（续十六）

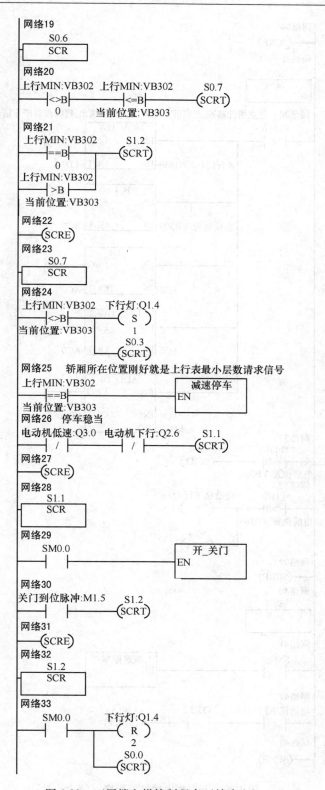

图 4-39　五层楼电梯控制程序（续十七）

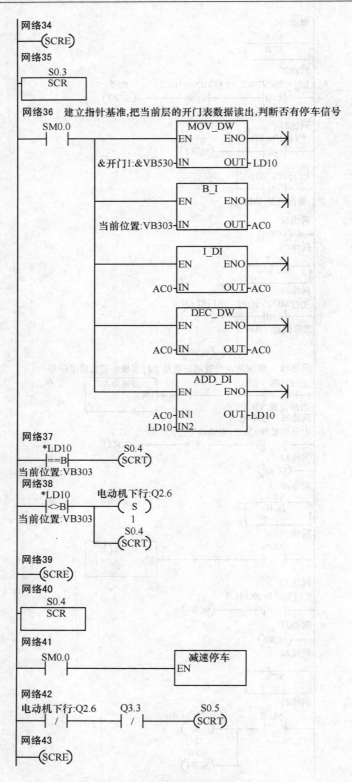

图 4-39　五层楼电梯控制程序（续十八）

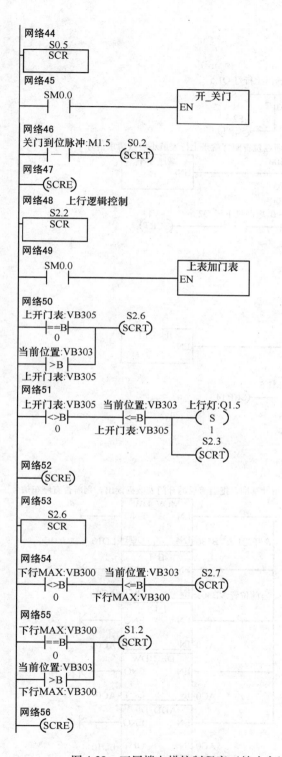

图 4-39　五层楼电梯控制程序（续十九）

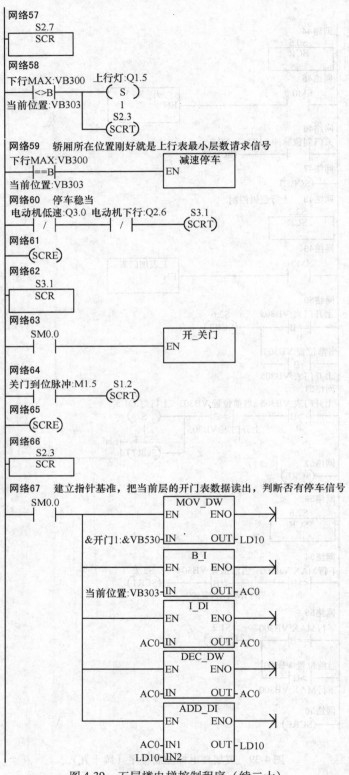

图 4-39 五层楼电梯控制程序（续二十）

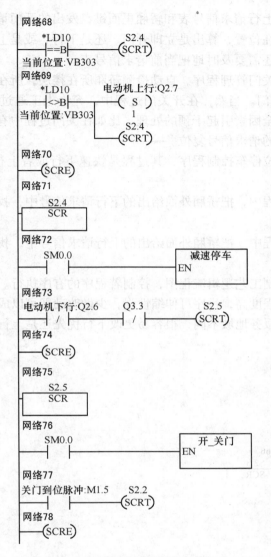

图 4-39 五层楼电梯控制程序（续二十一）

程序调试解说：

五层楼电梯控制系统的程序由六个子程序和一个主程序组成。

子程序 0 是常规检测，包括各个楼层上/下按钮命令的检测，运算出有否下降请求信号，如果有请求信号 VB300 < >0，同时运算出下降请求的最大楼层，VB300 的非零数值就是下降请求的最大楼层；运算出有否上升请求信号，如果有请求信号 VB302 < >0，同时运算出上升请求的最小楼层，VB302 的非零数值就是上升请求的最小楼层；同时也检测轿厢所在楼层，VB303 的数值就是轿厢所在楼层所在位置；轿厢内部数值按键开门楼层检测，运算出开门请求信号最小楼层存放在 VB304 中，开门请求信号最大楼层存放在 VB305 中，开门请求信号同时点亮响应的键盘灯。

子程序 1 是检测三表的请求信号，三表指的是各楼层下行按钮发出的下行请求信号表、各楼层上行按钮发出的上行请求信号表和轿厢里面键盘发出的开门请求信号表。如果有请求信号，结合当时轿厢所在位置，算出是立即开门、还是下行、或是上行，同时发出响应的指令。如果是立即开门，还需要及时地把当前请求信号表。

子程序 2 是开门、关门管理程序，自动检测轿厢所在楼层，所在楼层门与轿厢门同步开与关，开门后 8s 自动关门。当然，在开关门过程中，允许人工通过开关门按钮干预其开关门。程序中没有考虑安全因素引起干预的处理，比如在关门过程中有人堵住了门等情况。同时开门后，及时把相应的请求信号复位。

子程序 3 是轿厢到位停车控制程序，其过程是快速下行或者上行中，靠近后降速接近，达到后停车，合上抱闸。

子程序 4 是下行过程中，把轿厢外面给出的下行请求信号中，找有效的下行信号加入开门表中。

子程序 5 是上行过程中，把轿厢外面给出的上行请求信号中，找有效的上行信号加入开门表中。

主程序就是按照控制工艺逻辑流程图，控制着程序的有序执行。

该电梯程序，智能程度高，程序可伸缩性强，少做改动即可以成为其他层数的电梯控制功能。还可以根据电梯服务地域不同，很容易更改下行优先还是上行优先等功能。

图 5 PLC运动控制技术 第5章 PLC运动控制・219・

第 5 章　PLC 运动控制

5.1　PLC 与变频器系统（见图 5-1）

知识点和关键字：PLC 与变频器　变频器多段速　模拟量输入/输出　顺序控制

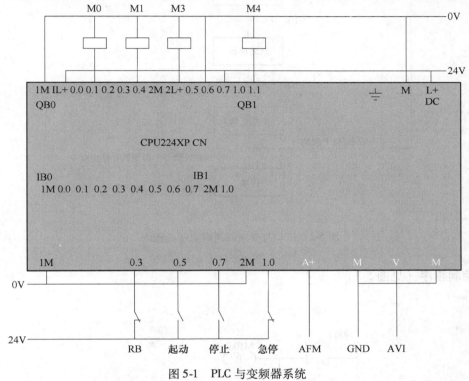

图 5-1　PLC 与变频器系统

1. 控制工艺要求

如果变频器没有故障且控制台没有急停命令时，给出起动命令后，变频器将按照图 5-2 所示的顺序流程动作，如果没有给出停止命令，自动运行三个动作周期后自动停止；如果途中给出停止命令，将在本动作周期结束时停止；如果途中变频器产生故障或者控制台给出急停命令时，将会马上停止。

变频器实际运行频率将显示在 VW500 上。变频器的主频由 PLC 给出的 0~10V 模拟值给定。

VFD-M 台达变频器参数设置：

P00 = 01　P02 = 01　P17 = 10.0　P18 = 25.0　P19 = 40.0　P43 = 00　其他参数为默认值。

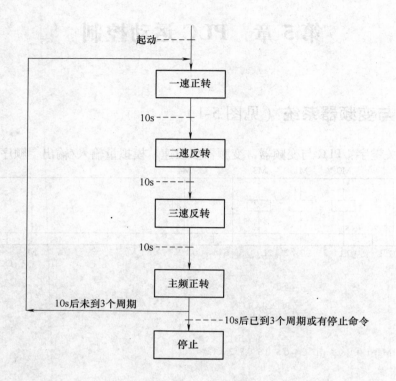

图 5-2　PLC 与变频器逻辑顺序流程图

2. 控制程序（见图 5-3）

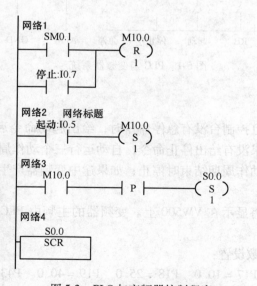

图 5-3　PLC 与变频器控制程序

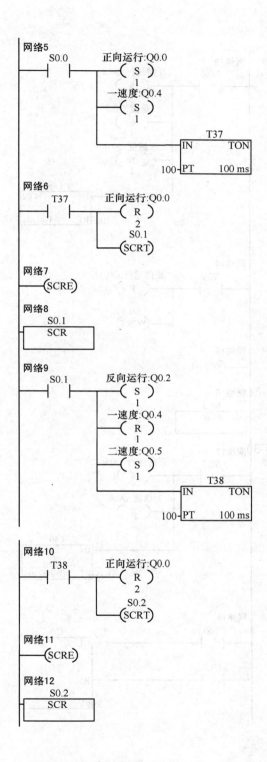

图 5-3　PLC 与变频器控制程序（续一）

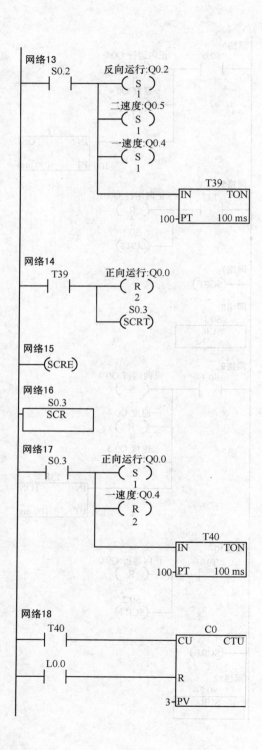

图 5-3　PLC 与变频器控制程序（续二）

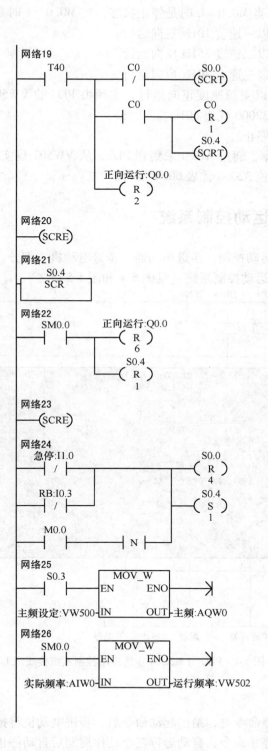

图 5-3　PLC 与变频器控制程序（续三）

程序调试解说：

M0.0 是起动标志，当 M0.0 = 0 时是停止状态，当 M0.0 = 1 时是起动状态。

S0.0 步控制变频器以一速度 10Hz 正向运行。

S0.1 步控制变频器以二速度 25Hz 反向运行。

S0.2 步控制变频器以三速度 40Hz 反向运行。

S0.3 步控制变频器以主频速度正向运行，主频由 PLC 的 VW500 给定，VW500 数值 0 代表 0Hz，VW500 数值 32000 代表 60Hz。

S0.4 步控制变频器停止。

变频器实际运行频率，通过 AIW0 采集到 PLC，从 VW502 现实出来。VW502 数值 0 代表 0Hz 运行，VW502 数值 32000 代表 60Hz 运行。

5.2　PLC 与步进运动控制系统

知识点和关键字：运动控制　步进驱动器　步进电动机　细分　PTO/PWM　顺序流程

PLC 与 MSD04 步进运动控制系统（见图 5-4 和图 5-5）。

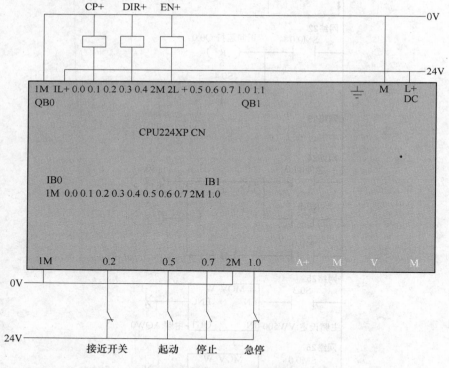

图 5-4　PLC 与 MSD04 步进运动控制系统接线图 1

1. 控制工艺要求

如果控制台没有急停命令时，给出起动命令后，步进电动机将按照图 5-6 所示的顺序流程动作，如果没有给出停止命令，自动运行三个动作周期后自动停止；如果途中给出停止命令或给出急停命令时，将会马上停止。

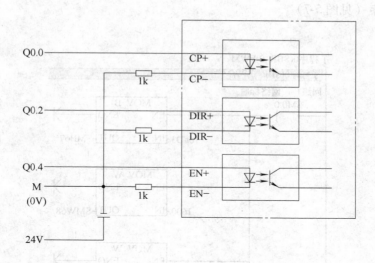

图 5-5 PLC 与 MSD04 步进运动控制系统接线图 2

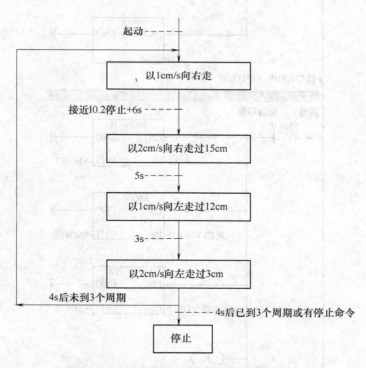

图 5-6 PLC 与 MSD04 步进逻辑顺序流程图

步进驱动器设置：

电流设置为 0.5A   SW1 = 0   SW2 = 0   SW3 = 0

细分设置为 2   SW4 = 0   SW5 = 0   SW6 = 0   SW7 = 0

全自动半流模式   SW8 = 1

2. 控制程序（见图 5-7）

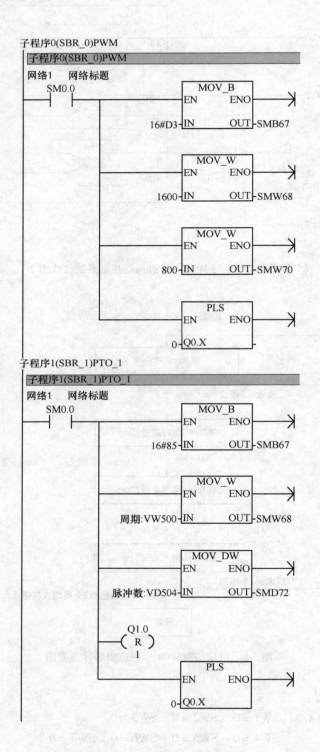

图 5-7　PLC 与 MSD04 步进控制程序

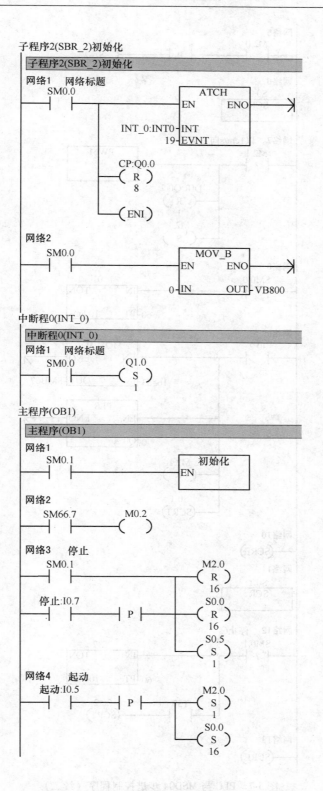

图 5-7　PLC 与 MSD04 步进控制程序（续一）

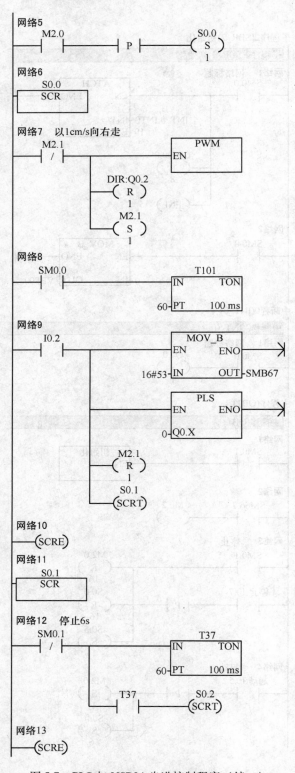

图 5-7　PLC 与 MSD04 步进控制程序（续二）

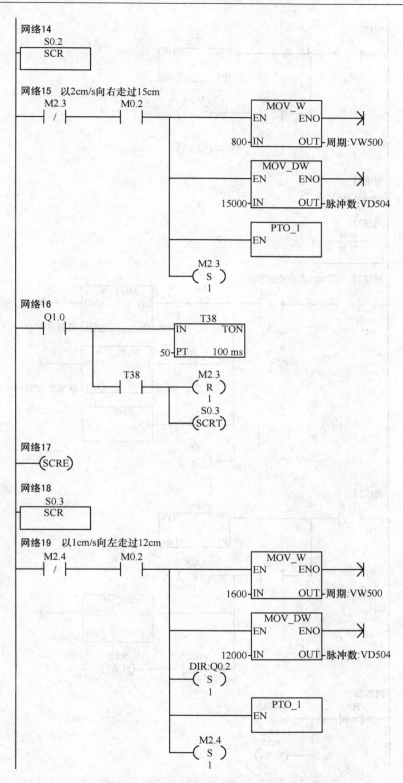

图 5-7　PLC 与 MSD04 步进控制程序（续三）

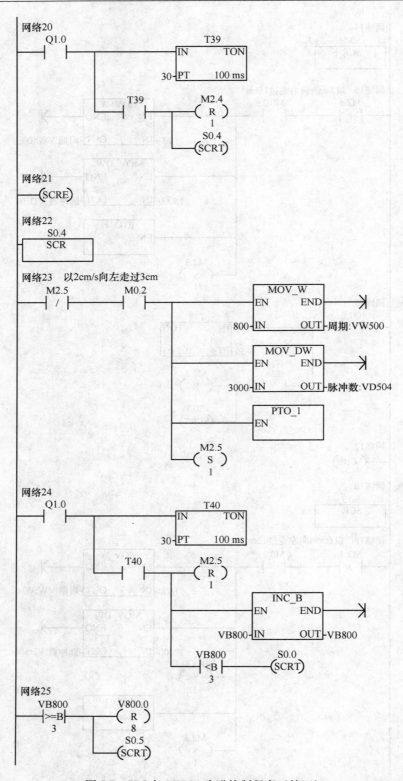

图 5-7　PLC 与 MSD04 步进控制程序（续四）

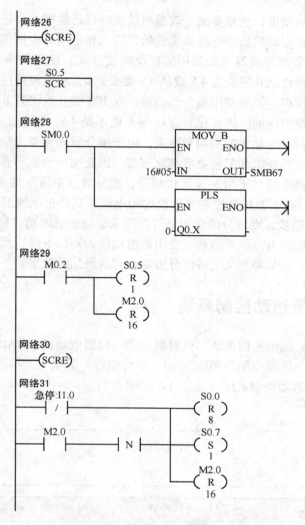

图 5-7　PLC 与 MSD04 步进控制程序（续五）

程序调试解说：

PLC 与 MSD04 步进控制程序由子程序 0（SBR_0）PWM、子程序 1（SBR_1）PTO_1、子程序 2（SBR_2）初始化、中断程 0（INT_0）和主程序（OB1）组成。

子程序 0（SBR_0）PWM 控制步进以 1cm/s 向右走。

子程序 1（SBR_1）PTO_1 进行定速定位控制。

子程序 2（SBR_2）初始化，完成中断声明和计数器复位。

中断程 0（INT_0），凡定位结束都会响应中断程序 0，点亮 Q1.0。

主程序完成图 5-6 所规定的顺序流程动作。

MSD04 系列步进驱动器是细分型驱动器，使用高细分其特点是控制精度高、振动小、噪声低。

细分可以提高精度，例如如果细分为 1 时，200 个脉冲步进电动机转过一周，那么使用 200 的细分，控制其转过一周则需要 200 × 200 = 40000 个脉冲。

细分不但可以提高精度，更重要的是改善电动机的运行性能。步进电动机的细分控制是由驱动器精确控制步进电动机的相电流来实现的，以二相电动机为例，假如电动机的额定相电流为 4A，如果使用常规驱动器（如常用的恒流斩波方式）驱动该电动机，电动机每运行一步，其绕组内的电流将从 0 突变为 4A 或从 4A 突变到 0，相电流的巨大变化，必然会引起电动机运行的振动和噪声。如果使用细分驱动器，在 100 细分的状态下驱动该电动机，电动机每运行一微步，其绕组内的电流变化只有 0.04A 而不是 4A，且电流是以正弦曲线规律变化，这样就大大地改善了电动机的振动和噪声。由于细分驱动器要求精确控制电动机的相电流，所以对驱动器的技术要求和工艺要求都比较高，因此细分型驱动器成本亦会较高。

注意，有些驱动器采用"平滑"来取代细分，细分与"平滑"两者有着本质不同：

其一是，"平滑"并不能精确控制电动机的相电流，只是把电流的变化率变缓一些，所以"平滑"并不产生微步，而细分的微步是可以用来驱动步进电动机精确定位的。

其二是，电动机的相电流被平滑后，会引起电动机力矩的下降，而细分控制不但不会引起电动机力矩的下降，从某种意义上讲细分力矩会有所增加的效果。

5.3 PLC 与伺服运动控制系统

知识点和关键字：运动控制系统　伺服驱动器　伺服电动机　MAP_SERV　顺序流程
速度控制　相对定位　绝对定位　原点

PLC 与 V80 伺服运动控制系统（见图 5-8 和图 5-9）

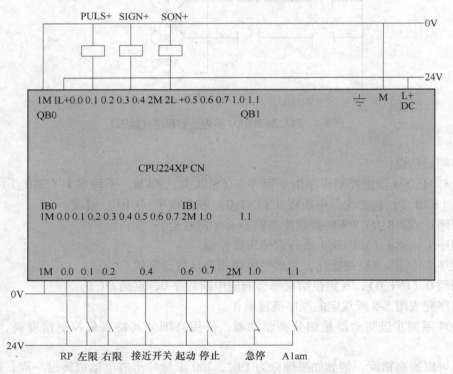

图 5-8　PLC 与 V80 伺服运动控制系统接线图 1

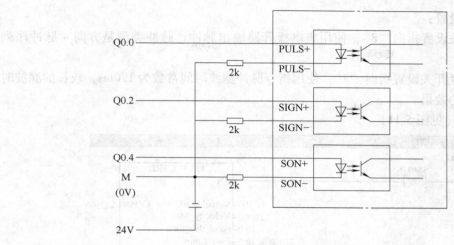

图 5-9　PLC 与 V80 伺服运动控制系统接线图 2

1. 控制工艺要求

如果控制台没有急停命令时，给出启动命令后，步进电动机将按照图 5-10 所示的顺序流程动作，如果没有给出停止命令，自动运行三个动作周期后自动停止；如果途中给出停止命令，将在本动作周期结束时停止；如果途中控制台给出急停命令时，将会马上停止。

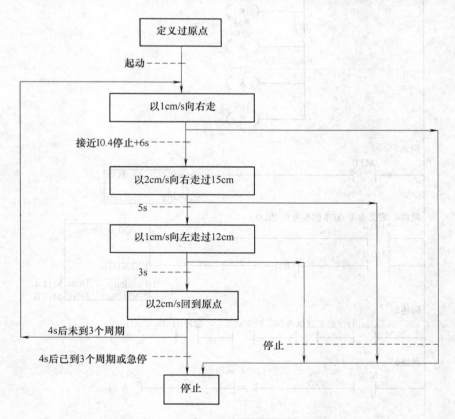

图 5-10　PLC 与 V80 伺服逻辑顺序流程图

伺服驱动器设置:

指令脉冲开关设置指向"8",使用集电极开路输出脉冲,脉冲类型是方向 + 脉冲序列和正逻辑。

指令滤波设置开关设置指向"7",使用指令脉冲滤波时间常数为 170ms,较长的滤波时间值得到较稳定的效果。

2. 控制程序 (见图 5-11)

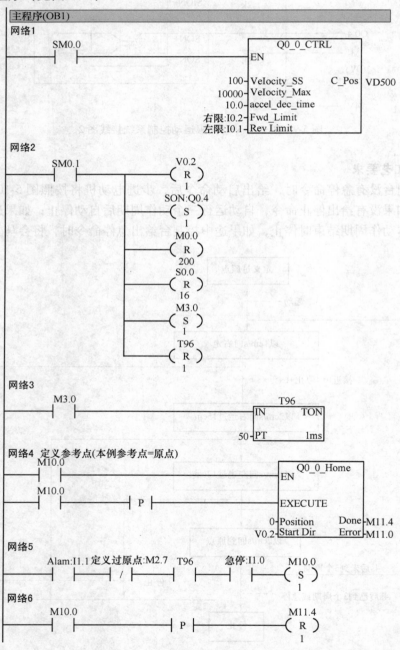

图 5-11 PLC 与 V80 伺服运动控制程序

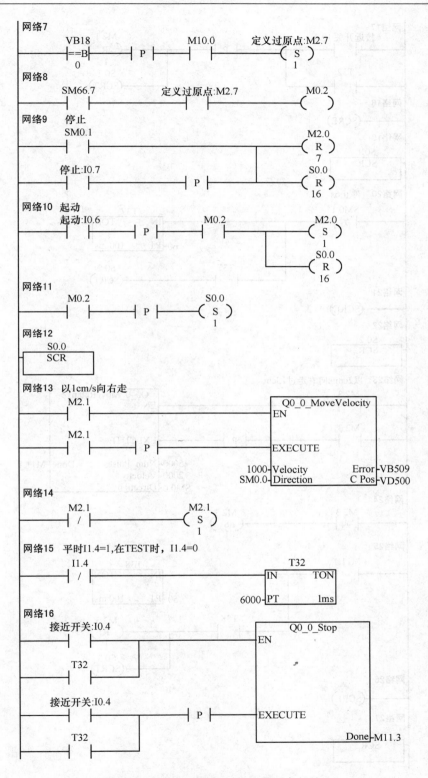

图 5-11　PLC 与 V80 伺服运动控制程序（续一）

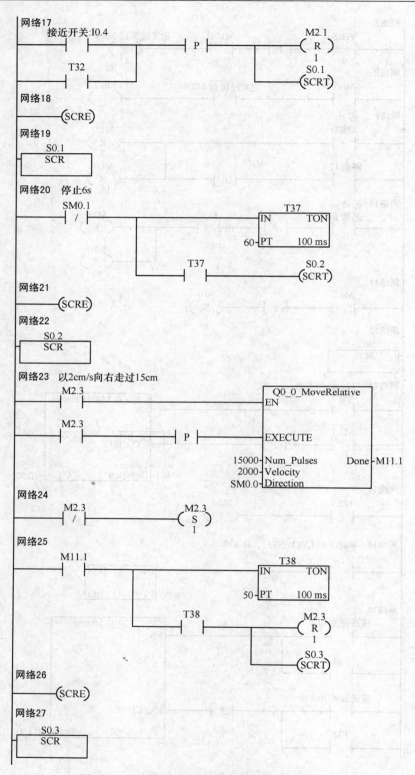

图 5-11　PLC 与 V80 伺服运动控制程序（续二）

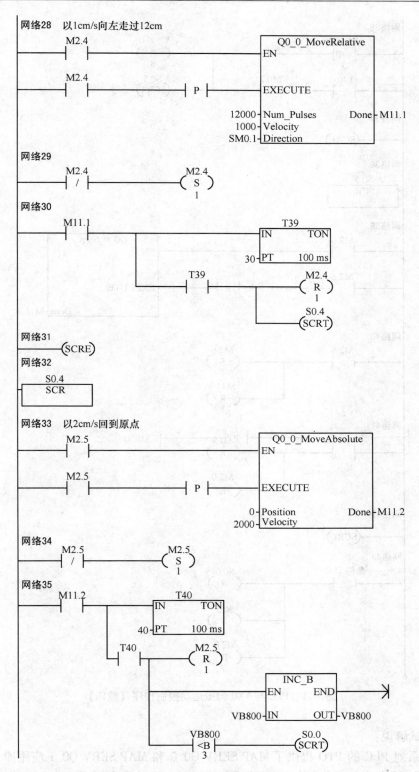

图 5-11　PLC 与 V80 伺服运动控制程序（续三）

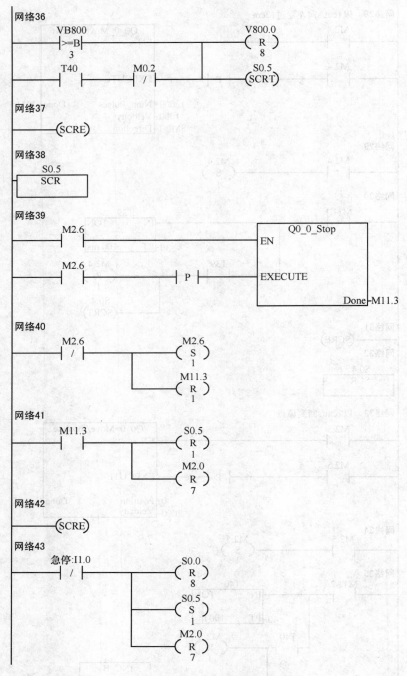

图 5-11　PLC 与 V80 伺服运动控制程序（续四）

程序调试解说：

S7-200 系列 PLC 的 PTO 提供了 MAP SERV Q0.0 和 MAP SERV Q0.1 应用库，分别用于 Q0.0 和 Q0.1 的脉冲串输出。在 MAP 库中，一些输入输出点的功能已经被预先定义，见表 5-1。

表 5-1　MAP 库 I/O 点占用

名　　称	MAP SERV Q0.0	MAP SERV Q0.1	名　　称	MAP SERV Q0.0	MAP SERV Q0.1
脉冲输出	Q0.0	Q0.1	所用的高速计数器	HC0	HC3
方向输出	Q0.2	Q0.3	高速计数器预置值	SMD 42	SMD 142
参考点输入	I0.0	I0.1	手动速度	SMD 172	SMD 182

使用 MAP 库时所用到的最重要的一些变量（以相对地址表示），见表 5-2。

表 5-2　MAP 库重要变量

符号名	地址	说　　明
Disable_Auto_Stop	+ V0.0	默认值 = 0，意味着当运动物件已经到达预设地点时，即使尚未减速到 Velocity_SS，依然停止运动；当设置 = 1 时则减速至 Velocity_SS 时才停止
Dir_Active_Low	+ V0.1	定义运动方向，默认值 = 0，意思是方向输出为 1 时表示正向
Final_Dir	+ V0.2	定义寻找参考点过程中的最后方向
Tune_Factor	+ VD1	设置调整因子（默认值 = 0）
Ramp_Time	+ VD5	定义加减速时间，Ramp Time = accel_dec_time
Max_Speed_DI	+ VD9	设置最大输出频率 = Velocity_Max
SS_Speed_DI	+ VD13	设置最小输出频率 = Velocity_SS
Homing_State	+ VD18	寻找参考点过程的状态显示
Homing_Slow_Spd	+ VD19	设置寻找参考点时的低速（默认值 = Velocity_SS）
Homing_Fast_Spd	+ VD23	设置寻找参考点时的高速（默认值 = Velocity_Max/2）
Fwd_Limit	+ V27.1	正向限位开关
Rev_Limit	+ V27.2	反向限位开关
Homing_Active	+ V27.3	寻找参考点激活
C_Dir	+ V27.4	当前运动方向显示
Homing_Limit_Chk	+ V27.5	限位开关标志
Dec_Stop_Flag	+ V27.6	开始减速
PTO0_LDPOS_Error	+ VB28	使用 Q0_x_LoadPos 时的故障信息，16#00 = 无故障，16#FF = 故障
Target_Location	+ VD29	目标位置显示
Deceleration_factor	+ VD33	减速因子，格式：REAL (Velocity_SS － Velocity_Max)/accel_dec_time
SS_Speed_real	+ VD37	最小速度 = Velocity_SS（格式：REAL）
Est_Stopping_Dist	+ VD41	计算出的减速距离（格式：DINT）

其中 MAP SERV Q0.0（V1.8）库指令由 Q0_0_CTRL、Q0_0_MoveRelative、Q0_0_MoveVelocity、Q0_0_MoveAbsolute、Q0_0_Home、Q0_0_Stop 和 Q0_0_LoadPos 等指令组成，如图 5-12 所示。

Q0_0_CTRL 指令，用于传递全局参数，每个扫描周期都需要调用。Q0_0_CTRL 指令参数说明见表 5-3。

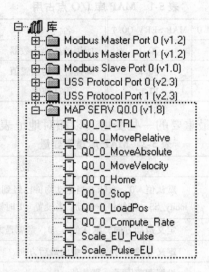

图 5-12　MAP SERV Q0.0 的程序

表 5-3　Q0_0_CTRL 指令参数

参　　数	类　型	格　式	单　位	说　明
Velocity_SS	IN	DINT	Pulse/s	起动/停止频率
Velocity_Max	IN	DINT	Pulse/s	最大频率
accel_dec_time	IN	REAL	s	加减速时间
Fwd_Limit	IN	BOOL		正向限位开关
Rev_Limit	IN	BOOL		反向限位开关
C_Pos	OUT	DINT	Pulse	当前绝对位置

Q0_x_MoveRelative 指令是相对定位控制指令，控制伺服电动机轴按照指定的方向，以指定的速度，移动指定的移位量。Q0_x_MoveRelative 指令参数说明见表 5-4。

表 5-4　Q0_x_MoveRelative 指令参数

参　　数	类　型	格　式	单　位	说　明
EXECUTE	IN	BOOL		相对定位的执行位
Num_Pulses	IN	DINT	Pulse	相对位移量（必须 >1）
Velocity	IN	DINT	Pulse/s	预置频率，范围在 Velocity_SS < = Velocity < = Velocity_Max
Direction	IN	BOOL		运动方向：0 = 反向，1 = 正向
Done	OUT	BOOL		完成标志，1 = 完成

Q0_x_MoveAbsolute 指令是绝对定位控制指令，控制伺服电动机轴以指定的速度，移动到指定的绝对位置。Q0_x_MoveAbsolute 指令参数说明见表 5-5。

表 5-5   Q0_x_MoveAbsolute 指令参数

参　　数	类　　型	格　　式	单　　位	说　　明
EXECUTE	IN	BOOL		绝对定位的执行位
Position	IN	DINT	Pulse	绝对位置
Velocity	IN	DINT	Pulse/s	预置频率，范围在 Velocity_SS < = Velocity < = Velocity_Max
Done	OUT	BOOL		完成标志，1 = 完成

Q0_x_MoveVelocity 指令是速度控制指令，用于控制伺服电动机轴按照指定的方向和速度运动，在运动过程中可对速度进行更改，但不能对运动方向进行更改。Q0_x_MoveVelocity 功能块只能通过 Q0_x_Stop block 功能块来停止轴的运动。Q0_x_MoveVelocity 指令参数说明见表 5-6。

表 5-6   Q0_x_MoveVelocity 指令参数

参　　数	类　　型	格　　式	单　　位	说　　明
EXECUTE	IN	BOOL		速度运行控制的执行位
Velocity	IN	DINT	Pulse/s	预置速度，范围在 Velocity_SS < = Velocity < = Velocity_Max
Direction	IN	BOOL		运动方向，0 = 反向，1 = 正向
Error	OUT	BYTE		故障标识：0 = 无故障，1 = 立即停止，3 = 执行错误
C_Pos	OUT	DINT	Pulse	当前绝对位置

Q0_x_Home 指令是原点定义指令，控制伺服电动机轴按照指定方向开始高速寻找，按照指定方向慢速接近原点。Q0_x_Home 指令参数说明见表 5-7。

表 5-7   Q0_x_Home 指令参数

参　　数	类　　型	格　　式	单　　位	说　　明
EXECUTE	IN	BOOL		寻找原点的执行位，原点又称参考点
Position	IN	DINT	Pulse	原点的绝对位置，通常指定为 0
Start_Dir	IN	BOOL		寻找原点的起始方向：0 = 反向，1 = 正向
Done	OUT	BOOL		完成标志，1 = 完成
Error	OUT	BOOL		故障标志，1 = 故障

Q0_x_Stop 指令是停止控制指令，用于控制伺服电动机轴减速直至停止。Q0_x_Stop 指令参数说明见表 5-8。

表 5-8   Q0_x_Stop 指令参数

参　　数	类　　型	格　　式	单　　位	说　　明
EXECUTE	IN	BOOL		停止控制的执行位
Done	OUT	BOOL		完成标志，1 = 完成

第6章 PLC 网络应用

6.1 CPU 的 PPI 网络通信系统（见图 6-1）

知识点和关键字：PPI 网络通信 NETR NETW SMB30/SMB130

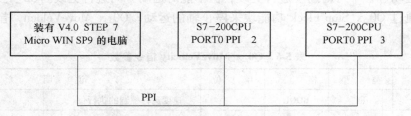

图 6-1 S7-200 CPU 之间的 PPI 通信网络

1. 控制工艺要求

两台 S7-200 PLC 通过 PPI 网络，实现 2 号站 I0.0 和 I0.1 控制 3 号站的电动机丫/△单元；反过来实现 3 号站 I0.2 和 I0.3 控制 2 号站的电动机丫/△单元，详细分配见表 6-1。

表 6-1 控制工艺表

2 号站（主站）		3 号站（从站）
I0.0 起动 I0.1 停止 VW200 起动时间	⟹	Q0.0 主继电器 Q0.1 星形继电器 Q0.2 三角形继电器
Q0.3 主继电器 Q0.4 星形继电器 Q0.5 三角形继电器	⟸	I0.2 起动 I0.3 停止 VW500 起动时间

2. 控制程序

首先设置 2 号主站 PORT0 的地址为 2，方法是在项目树系统块下面的通信端口，端口 0 的 PLC 地址为 2。然后设置 3 号从站的地址为 3。

2 号主站 OB1 程序如图 6-2 所示；3 号从站 OB1 程序如图 6-3 所示。

程序调试解说：

PPI 协议是 S7-200 CPU 最基本的通信方式，通过 PPI 通信自身的端口（PORT0 或 PORT1）就可以实现通信，PPI 通信是 S7-200 CPU 默认的通信方式。

PPI 是一种主/从协议通信，主/从站在一个令牌环网中。在 CPU 内用户程序调用网络读（NETR）、写（NETW）指令即可，也就是说网络读写指令是运行在 PPI 协议上的。因此 PPI 网络读写指令只在主站编写就可以了，从站的读写网络指令没有意义。

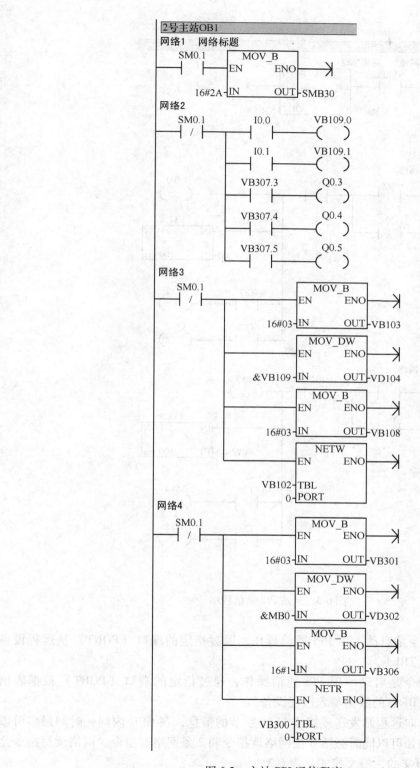

图 6-2　主站 PPI 通信程序

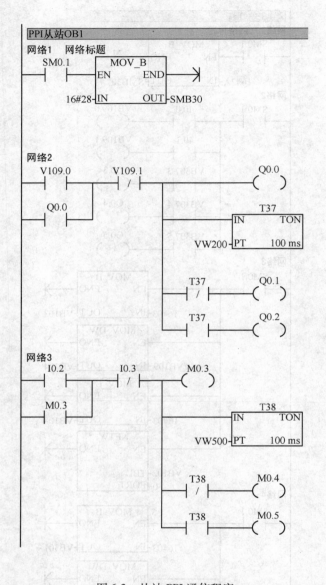

图 6-3　从站 PPI 通信程序

NETR 网络读取指令是启动一项 PPI 通信操作，通过指定的端口（PORT）从远程设备读取数据到本地表格（TBL）。

NETW 网络写入指令是启动一项 PPI 通信操作，通过指定的端口（PORT）根据表格（TBL）定义把表格（TBL）的数据写入远程设备。

网络读写指令可以向远程站发送或接收 16 个字节的信息，在 CPU 内同一时间最多可以有 8 条指令被激活，例如可以同时激活 6 条网络读指令和 2 条网络写指令。网络读写指令是通过 TBL 参数来指定报文的，报文格式见表 6-2。

表 6-2　网络读/写报文格式

字　　节	Bit7	Bit6	Bit5	Bit4	Bit0 ~ Bit3
0	D	A	E	0	错误代码
1	远程站地址				
2					
3	远程站的数据指针				
4	（I、Q、M、V）				
5					
6	信息字节总数				
7	信息字节 0				
8	信息字节 1				
……	……				
22	信息字节 15				

表 6-2 中：

D 表示操作完成状态　　0 = 未完成　　1 = 已完成；

A 表示操作有效否　　　0 = 无效　　　1 = 有效；

E 表示错误信息　　　　0 = 无错　　　1 = 有错。

错误代码见表 6-3。

表 6-3　错误代码

错 误 代 码	表 示 意 义
0	没有错误
1	远程站响应超时
2	接收错误：奇偶校验错，响应时帧或校验错
3	离线错误：相同的站地址或无效的硬件引发冲突
4	队列溢出错误：同时激活超过 8 条网络读写指令
5	通信协议错误：没有使用 PPI 协议而调用网络读写指令
6	非法参数
7	远程站正在忙（没有资源）
8	第七层错误：违反应用协议
9	信息错误：数据地址或长度错误
10	保留（未用）

　　SMB30 和 SMB130 分别是 S7-200PLC PORT0 及 PORT1 通信口的控制字节，各位表达的意义见表 6-4 和表 6-5。

表 6-4　SMB30 和 SMB130 的各位

bit7	bit6	bit5	bit4	bit3	bit2	bit1	bit0
p	p	d	b	b	b	m	m

表 6-5　SMB30 和 SMB130 各位的意义

pp：校验选择	d：每个字符的数据位	mm：协议选择
00 = 不校验	0 = 8 位	00 = PPI/从站模式
01 = 偶校验	1 = 7 位	01 = 自由口模式
10 = 不校验		10 = PPI/主站模式
11 = 奇校验		11 = 保留（未用）
bbb：通信波特率	（单位：bit/s）	
000 = 38 400	011 = 4 800	110 = 1 152 000
001 = 19 200	100 = 2 400	111 = 576 000
010 = 9 600	101 = 1 200	

6.2　PLC 与西门子变频器 USS 通信

知识点和关键字：USS 库指令　通信　顺序流程　MM440 变频器

PLC 与西门子 MM440 变频器 USS 通信接线（见图 6-4）

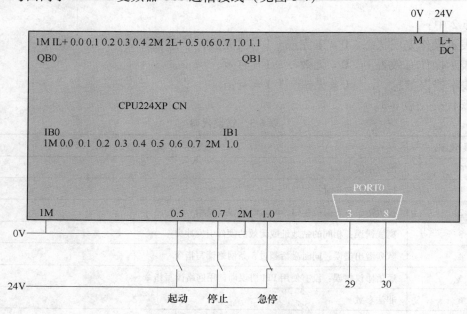

图 6-4　S7-200 与 MM440 变频器 USS 通信接线

1. 控制工艺要求

如果变频器没有故障且控制台没有急停命令时，给出起动命令后，变频器将按照图 6-5 所示的顺序流程动作，完成本动作周期结束时停止；如果途中给出停止命令或者控制台给出急停命令时，将会马上停止。

变频器实际运行频率将显示在 VD900 上。

MM440 变频器的参数设置：

恢复出厂值：

P0003 = 2　　用户访问级为技术员级，使能读/写部分参数

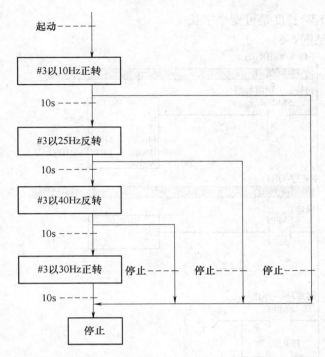

图 6-5　控制工艺顺序流程图

P0010 = 30　　出厂值的设置
P0970 = 1　　　参数复位
设置参数访问等级：
P0003 = 3　　　用户访问级为专家级，使能读/写全部参数
与电动机有关的参数：
P0010 = 调试参数过滤器，=1 快速调试，=0 准备
P0304 = 电动机额定电压（以电动机铭牌为准）
P0305 = 电动机额定电流（以电动机铭牌为准）
P0307 = 电动机额定功率（以电动机铭牌为准）
P0308 = 电动机额定功率因数（以电动机铭牌为准）
P0310 = 电动机额定频率（以电动机铭牌为准）
P0311 = 电动机额定速度（以电动机铭牌为准）
与通信有关的参数：
P0700 = 5　　　通过 USS 给出对变频器的控制命令
P1000 = 5　　　允许通过 COM 链路的 USS 通信给定频率设定值
P2000 = 100　　设置串行链接参考频率为 100Hz
P2009 = 0　　　禁止规格化
P2010 = 6　　　设置 RS-485 串口 USS 波特率为 9600 波特率
P2011 = 3　　　定义变频器的站号为 3，即是从站串行通信地址
P2012 = 2　　　PZD 长度是 2 个字长

P2013 = 127　PKW 长度是可变个字长

2. 控制程序（见图 6-6）

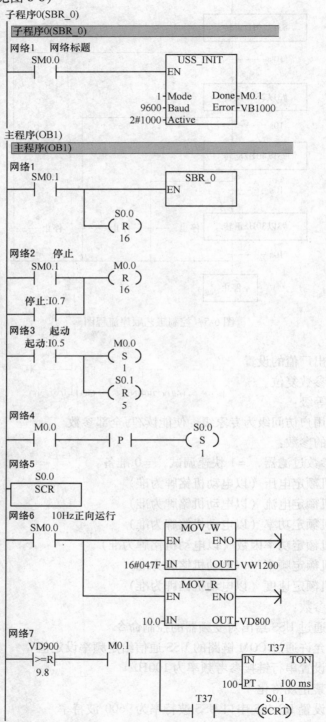

图 6-6　PLC 与 MM440 变频器 USS 通信控制程序

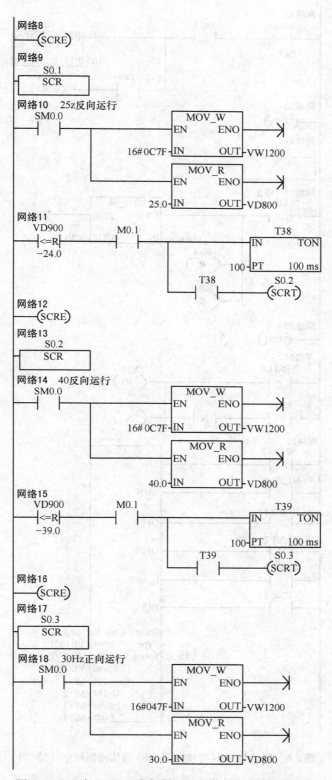

图 6-6　PLC 与 MM440 变频器 USS 通信控制程序（续一）

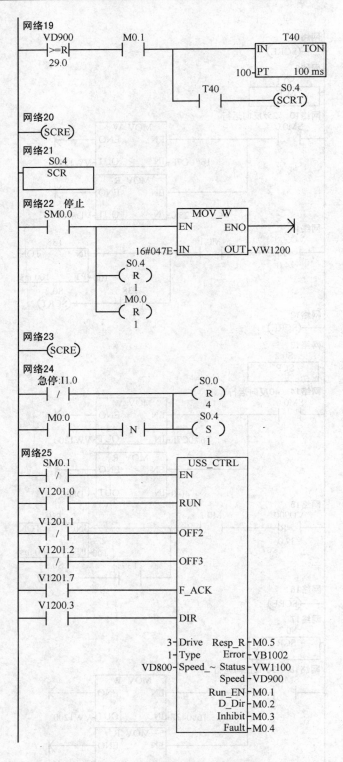

图 6-6　PLC 与 MM440 变频器 USS 通信控制程序（续二）

程序调试解说：

PLC 与 MM440 变频器 USS 通信控制程序由 SBR_0（子程序 0）、主程序和 USS 库指令组成。

开机初始化 USS 库的 USS_INT 指令，目的是激活 PORT0 作为 USS 通信使用，同时声明 PORT0 的通信波特率是 9600bit/s，还激活串行通信站号为 3 的变频器。

初始化后在主程序里执行 USS_CTRL 指令，控制变频器的运行，包括起动/停止、正转/反转、运行的频率以及停车方式。

在执行 USS 库指令后会返回 Error 代码，不同的代码表示不同的意思，见表 6-6 所示。

表 6-6　USS_INT 状态码

错误代码	说　　明
0	无错
1	驱动器没有应答
2	检测到来自驱动器的应答中检验和错误
3	检测到来自驱动器的应答中校验错误
4	来自用户程序的干扰造成错误
5	尝试非法命令
6	提供非法驱动器站号
7	未为 USS 协议设置通信端口
8	通信端口正在忙于处理指令
9	驱动器速度输入超出范围
10	驱动器应答长度不正确
11	驱动器应答第一个字符不正确
12	驱动器应答中的字符长度不受 USS 指令支持
13	错误的驱动器应答
14	提供的 DB_Ptr 地址不正确
15	提供的参数号不正确
16	选择了无效协议
17	USS 激活，不允许改动
18	指定了非法波特率
19	无通信：驱动器未被激活
20	驱动器应答中的参数或数值不正确或包含错误代码
21	返回一个双字数值，而不是请求的字数值
22	返回一个字数值，而不是请求的双字数值

6.3　PLC 与变频器 MODBUS 通信

知识点和关键字：MODBUS 库指令　台达变频器　顺序流程

PLC 与台达 VFD-M 变频器 MODBUS 通信接线（见图 6-7）。

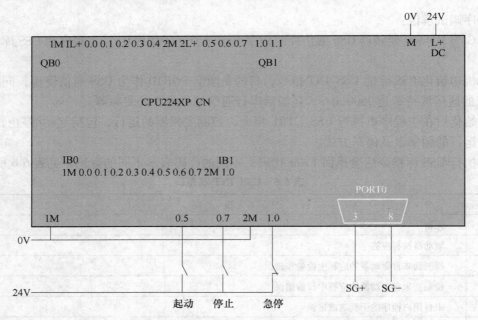

图 6-7　PLC 与台达 VFD-M 变频器 MODBUS 通信接线

1. 控制工艺要求

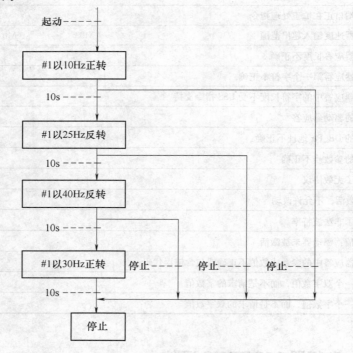

图 6-8　控制工艺顺序流程图

　　如果变频器没有故障且控制台没有急停命令时，给出起动命令后，变频器将按照图 6-8 所示的顺序流程动作，完成本动作周期结束时停止；如果途中给出停止命令或者控制台给出急停命令时，将会马上停止。

变频器实际运行频率将显示在 VW900 上。

VFD-M 变频器参数设置：

P00 = 3   P01 = 3   P88 = 1   P89 = 1   P92 = 3   其他参数使用默认值

2. 控制程序（见图 6-9）

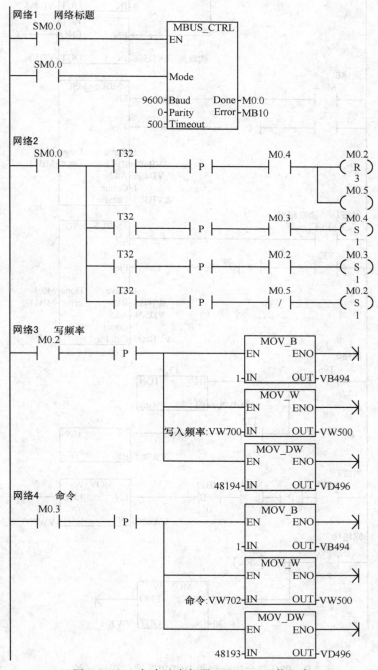

图 6-9　PLC 与台达变频器 MODBUS 通信程序

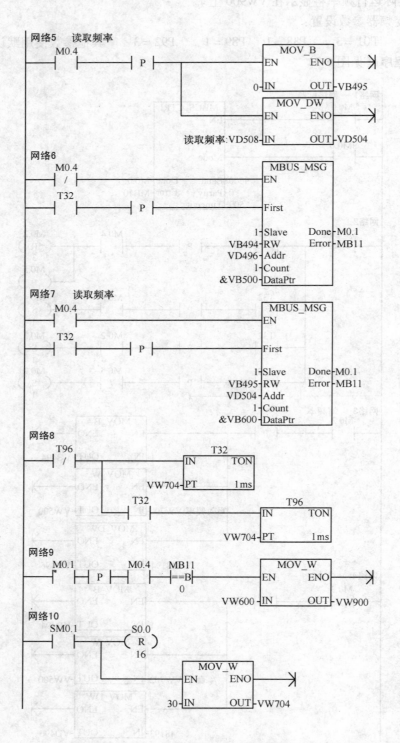

图 6-9 PLC 与台达变频器 MODBUS 通信程序（续一）

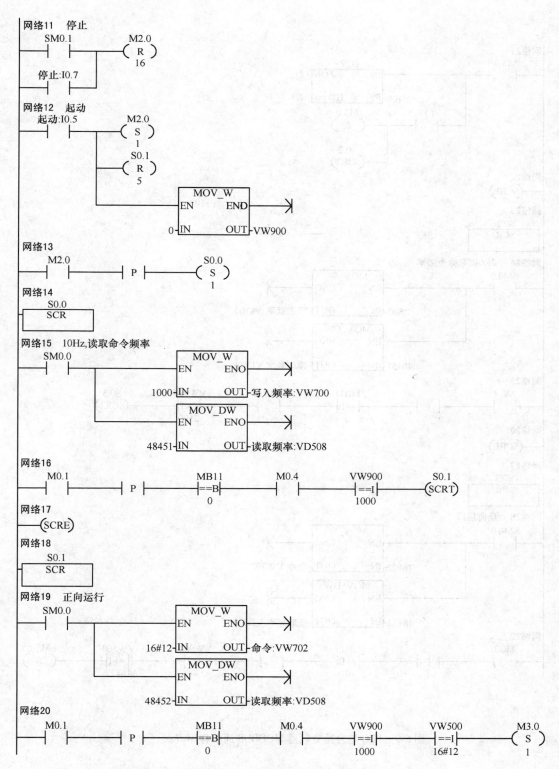

图 6-9　PLC 与台达变频器 MODBUS 通信程序（续二）

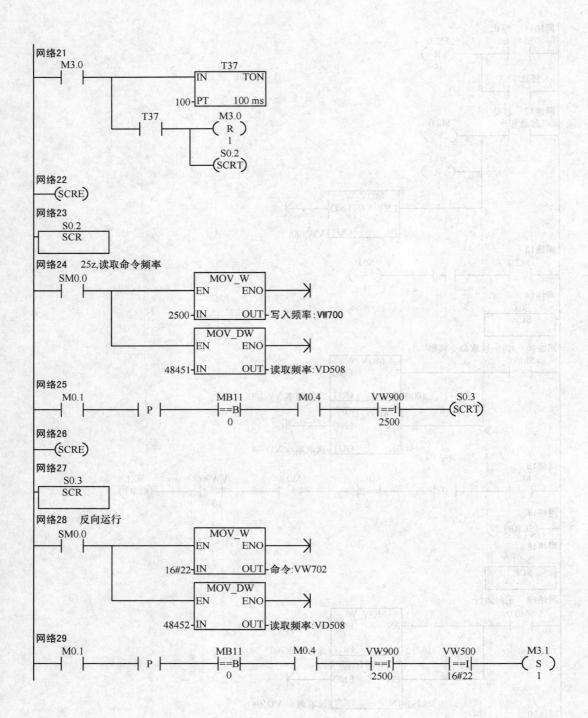

图 6-9　PLC 与台达变频器 MODBUS 通信程序（续三）

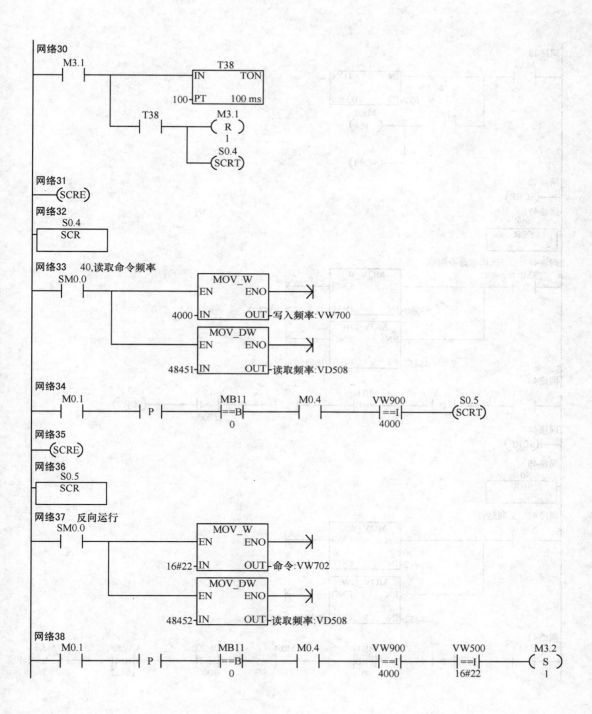

图 6-9　PLC 与台达变频器 MODBUS 通信程序（续四）

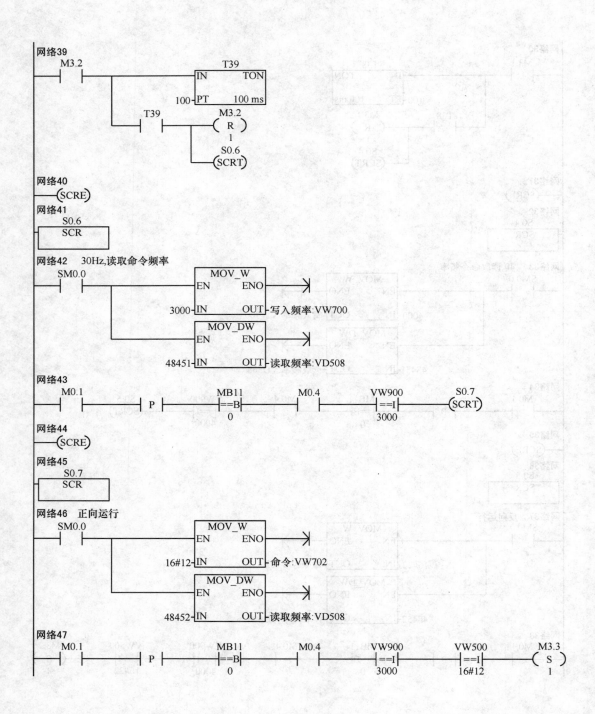

图 6-9　PLC 与台达变频器 MODBUS 通信程序（续五）

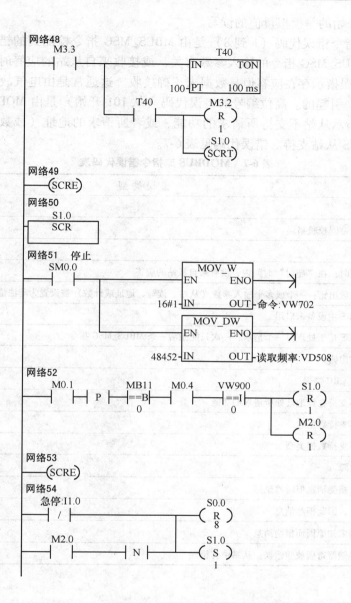

图 6-9 PLC 与台达变频器 MODBUS 通信程序（续六）

程序调试解说：

PLC 与台达变频器 MODBUS 通信程序由 MODBUS 库指令和主程序组成。

其中 MODBUS 库指令的 MBUS_CTRL 指令需每个周期驱动，激活 PORT0 为 MODBUS 通信使用，同时声明 PORT0 的通信波特率和奇偶校验模式。本程序中波特率为 9600bit/s，奇偶校验模式为无奇偶校验。

MODBUS 库指令的 MBUS_MSG 指令为与串行从站通信使用，可以与指定的从站进行读写操作，读写参数地址与长度可以按照需要指定。Slave 是从站站号，RW 是读写控制 "0" 是读 "1" 是写，Addr 是读写的资料地址，地址 0xxxx 是离散值读取，地址 1xxxx 是离散写入，地址 40001 开始的是模拟量值的读写。

MODBUS 库指令错误代码（1 到 8）是由 MBUS_MSG 指令检测到的错误，这些错误代码通常指示与 MBUS_MSG 指令的输入参数有关，或接收来自从站的应答时出现的问题。奇偶校验和 CRC 错误指示存在应答但是数据未正确接收。这通常是由电气故障（例如连接有问题或者电噪声）引起的。高位编号的错误代码（从 101 开始）是由 MODBUS 从站返回的错误。这些错误指示从站不支持所请求的功能，或者所请求的地址（或数据类型或地址范围）不被 MODBUS 从站支持。错误代码见表 6-7。

表 6-7　MODBUS 库指令错误代码表

代　　码	错 误 类 型
0	无错
1	应答时奇偶校验错误
2	未使用
3	接收超时：在"超时"时间内，没有来自从站的应答
4	请求参数出错：一个或多个输入参数（从站、读写、地址或计数）被设置为非法值
5	MODBUS 主设备未启用
6	MODBUS 忙于处理另一个请求：一次只能激活一条 MBUS_MSG 指令
7	应答时出错
8	应答时 CRC 错误
101	从站不支持在该地址处所请求的功能
102	从站不支持数据地址
103	从站不支持数据类型
104	从站故障
105	从站已接受消息但应答延迟
106	从站忙，因此拒绝消息
107	从站因未知原因而拒绝消息
108	从站存储器奇偶校验错误：从站中有错误

6.4　PLC 与变频器自由口通信

知识点和关键字：自由口串行通信　XMT　RCV　顺序控制　仪表通信

PLC 与台达 VFD-M 变频器自由口通信接线（见图 6-10）。

1. 控制工艺要求

如果变频器没有故障且控制台没有急停命令时，给出起动命令后，变频器将按照图 6-11 所示的顺序流程动作，完成本动作周期结束时停止；如果途中给出停止命令或者控制台给出急停命令时，将会马上停止。

变频器实际运行频率将显示在 VW900 上。

VFD-M 变频器参数设置（见表 6-8）：

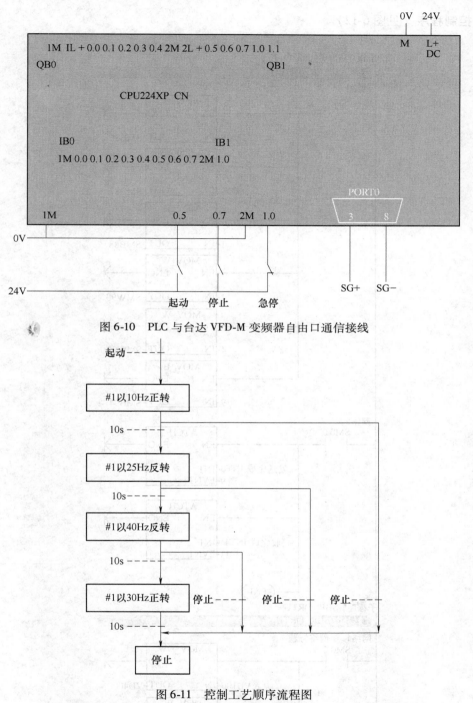

图 6-10 PLC 与台达 VFD-M 变频器自由口通信接线

图 6-11 控制工艺顺序流程图

表 6-8 VFD-M 变频器参数表

参　数	设　置　说　明	参　数	设　置　说　明
P00 = 3	主频率来源于 RS485 通信	P89 = 1	串行通信速率为 9600B/S
P01 = 3	运行命令来源于 RS485 通信	P92 = 3	ModbusRTU 模式,资料格式为 "8、N、2"
P88 = 1	变频器站号为 1	其他参数	使用默认值

2. 控制程序（见图 6-12）

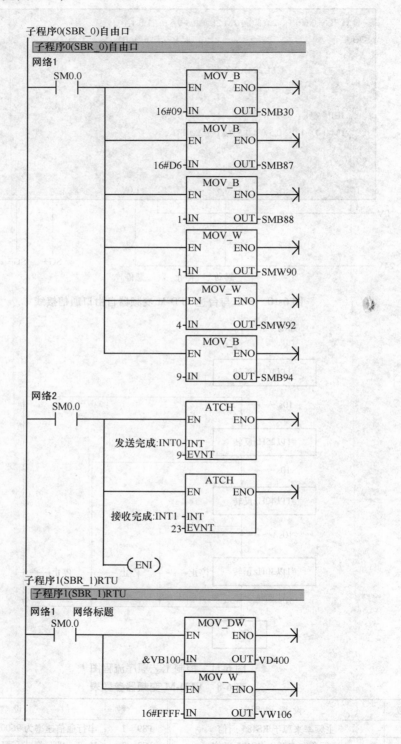

图 6-12　PLC 与台达 VFD-M 变频器自由口通信程序

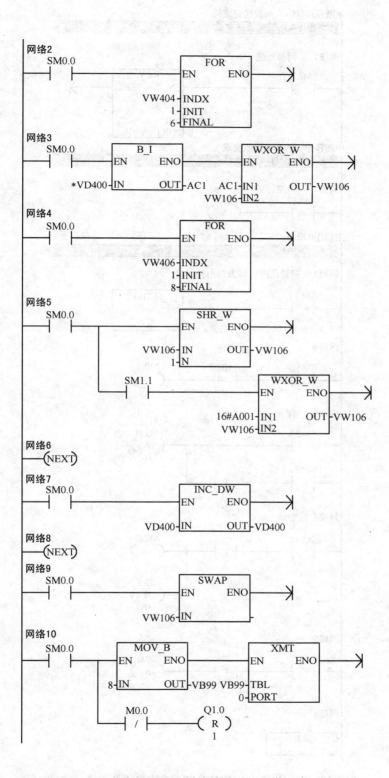

图 6-12 PLC 与台达 VFD-M 变频器自由口通信程序（续一）

中断程序0(INT_0)发送完成

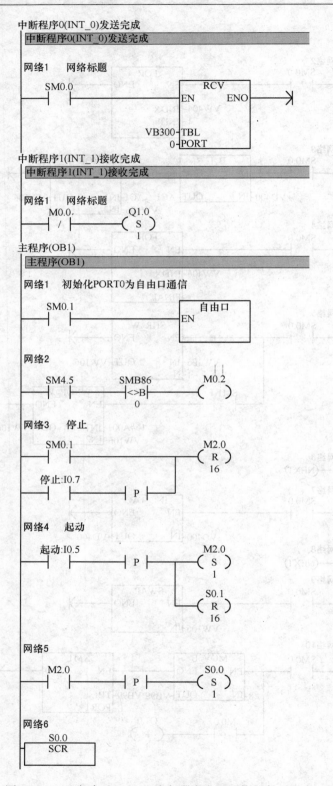

图 6-12　PLC 与台达 VFD-M 变频器自由口通信程序（续二）

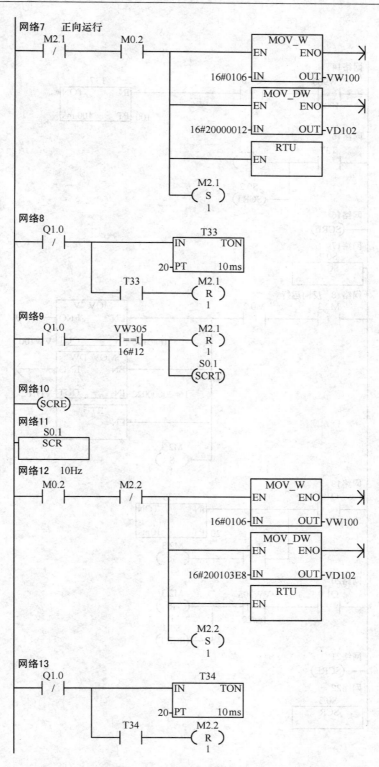

图 6-12 PLC 与台达 VFD-M 变频器自由口通信程序（续三）

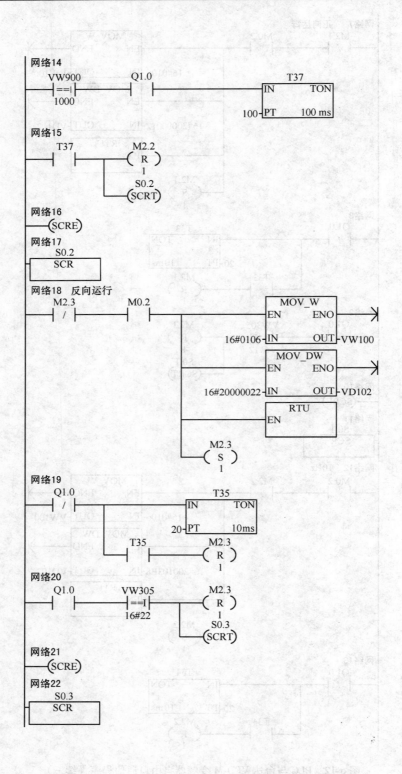

图 6-12　PLC 与台达 VFD-M 变频器自由口通信程序（续四）

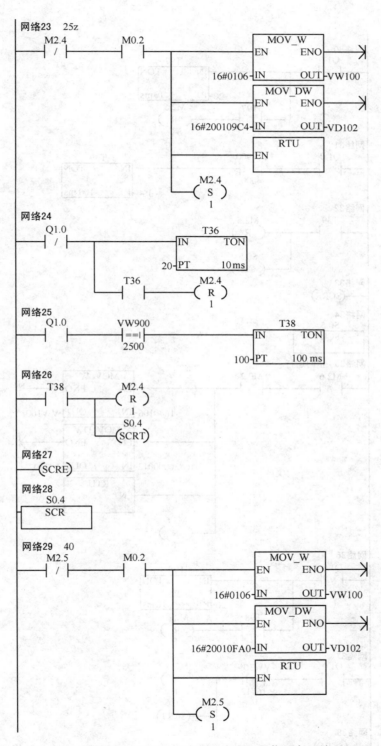

图 6-12　PLC 与台达 VFD-M 变频器自由口通信程序（续五）

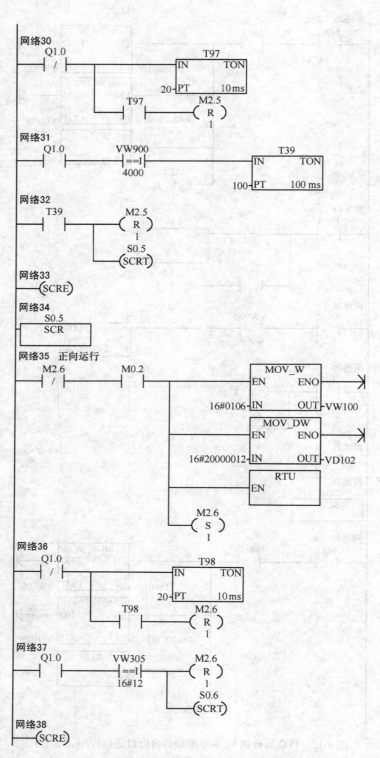

图 6-12   PLC 与台达 VFD-M 变频器自由口通信程序（续六）

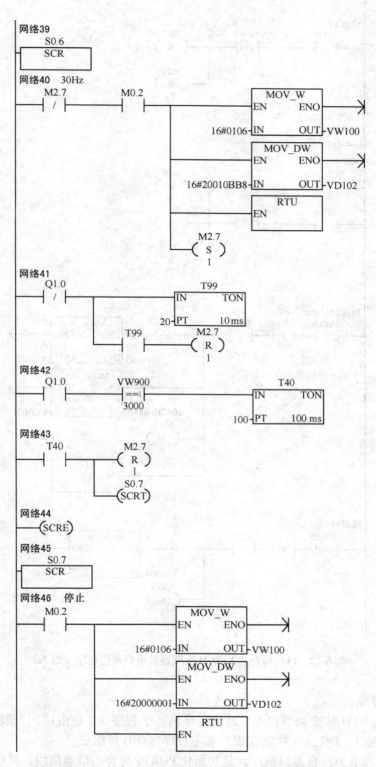

图 6-12 PLC 与台达 VFD-M 变频器自由口通信程序（续七）

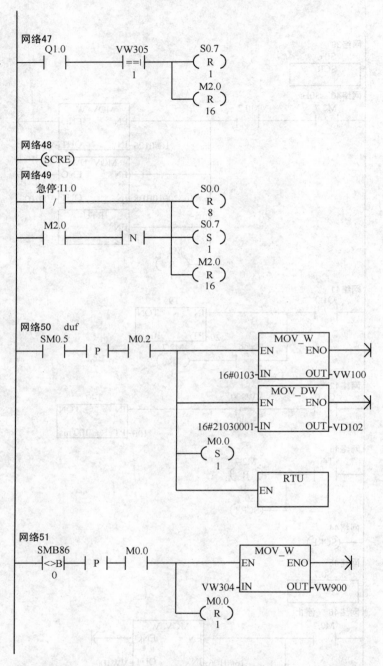

图 6-12　PLC 与台达 VFD-M 变频器自由口通信程序（续八）

程序调试解说：

PLC 与台达 VFD-M 变频器自由口通信程序由，子程序 0 （自由口）、子程序 1 （RTU）、INT_0 （发送完成）、INT_1 （接收完成）和主程序（OB1）组成。

子程序 0 （SBR_0）自由口程序，是初始化 PORT0 为自由口通信用，其中定义了自由口的通信参数为无奇偶校验、8 位数据位、9600bit/s 通信速率；定义了接收模式和接收参数，允许接收模式，开始符为"1"，空闲时间为 1ms，截止接收时间为 4ms，最大接收 9 个字节；声明了发送完成响应 INT_0 程序，接收完成相应 INT_1 程序。

子程序 1（SBR_1）RTU 程序，是计算 RTU 校验码的一个子程序，计算从 VB100 开始连续 6 个字节的 RTU 校验码，分别保存在 VB106 和 VB107 中，并把 VB100 开始连续 8 个字节的数据从 PORT0 口发送出去。

中断程序 0（INT_0）发送完成程序，每当发送完成后，马上进入接收状态，接收到的数据保存在 VB300 开始的几个字节里面。

中断程序 1（INT_1）接收完成程序，当接收完成后点亮 Q1.0。

主程序（OB1），按照预先给定的顺序控制工艺，控制着变频器驱动的电动机运行。